"十四五"职业教育国家规划教材 修订版

"十二五"职业教育国家规划教材
经全国职业教育教材审定委员会审定

普通高等教育"十一五"国家级规划教材

国家精品资源共享课配套教材

建筑CAD

第6版

主　编　陕晋军

副主编　温媛媛　任小龙

参　编　刘双英　邓美荣　巩宁平

U0240474

机械工业出版社

本书是为高职专科和高职本科土建类专业师生编写的 AutoCAD 教材，教材结构编排既符合工作过程系统化的职业教育模式，又遵循由易到难，循序渐进的教学规律，便于利用教材组织教学。教材主要内容分四大部分：第一部分包括 AutoCAD 的基础知识；第二部分为基本绘图命令和编辑方法；第三部分以建筑专业竣工图绘制为主线，按照绘制竣工图任务的由易到难，构建了以建筑平面图、建筑立面图、建筑剖面图及节点详图的绘制为载体的真实职业活动情境，学习用 AutoCAD 绘制建筑施工图的方法和技巧；第四部分介绍了用 AutoCAD 建立建筑模型的常用方法以及图形输出的具体方法及步骤。

本书由具有多年建筑制图和 AutoCAD 教学经验的教师编写，内容实用、专业性强，特别是将建筑制图的知识融于计算机绘图之中，是一个很好的实践，而且采用了"手把手"的交互式教学方式，为学生掌握计算机知识创造了良好的环境，是土建专业学生学习 AutoCAD 的优选教材，也非常适合建筑技术人员自学和参考。

本书配有视频教程、书中图纸的 CAD 源文件、CAD 练习图（含任务书），免费提供给选用本书作为教材的教师，请登录 www.cmpedu.com 注册下载。

图书在版编目（CIP）数据

建筑 CAD/陕晋军主编 . —6 版 . —北京：机械工业出版社，2023.5
（2024.6 重印）
"十二五"职业教育国家规划教材：修订版
ISBN 978-7-111-72398-1

Ⅰ.①建…　Ⅱ.①陕…　Ⅲ.①建筑设计-计算机辅助设计-AutoCAD
软件-高等职业教育-教材　Ⅳ.①TU201.4

中国国家版本馆 CIP 数据核字（2023）第 092893 号

机械工业出版社（北京市百万庄大街 22 号　邮政编码 100037）
策划编辑：常金锋　　　　　　责任编辑：常金锋
责任校对：贾海霞　赵文婕　　责任印制：张　博
天津市光明印务有限公司印刷
2024 年 6 月第 6 版第 7 次印刷
184mm×260mm · 16 印张 · 388 千字
标准书号：ISBN 978-7-111-72398-1
定价：49.90 元

电话服务　　　　　　　　　网络服务
客服电话：010-88361066　　机　工　官　网：www.cmpbook.com
　　　　　010-88379833　　机　工　官　博：weibo.com/cmp1952
　　　　　010-68326294　　金　书　网：www.golden-book.com
封底无防伪标均为盗版　机工教育服务网：www.cmpedu.com

关于"十四五"职业教育
国家规划教材的出版说明

为贯彻落实《中共中央关于认真学习宣传贯彻党的二十大精神的决定》《习近平新时代中国特色社会主义思想进课程教材指南》《职业院校教材管理办法》等文件精神，机械工业出版社与教材编写团队一道，认真执行思政内容进教材、进课堂、进头脑要求，尊重教育规律，遵循学科特点，对教材内容进行了更新，着力落实以下要求：

1. 提升教材铸魂育人功能，培育、践行社会主义核心价值观，教育引导学生树立共产主义远大理想和中国特色社会主义共同理想，坚定"四个自信"，厚植爱国主义情怀，把爱国情、强国志、报国行自觉融入建设社会主义现代化强国、实现中华民族伟大复兴的奋斗之中。同时，弘扬中华优秀传统文化，深入开展宪法法治教育。

2. 注重科学思维方法训练和科学伦理教育，培养学生探索未知、追求真理、勇攀科学高峰的责任感和使命感；强化学生工程伦理教育，培养学生精益求精的大国工匠精神，激发学生科技报国的家国情怀和使命担当。加快构建中国特色哲学社会科学学科体系、学术体系、话语体系。帮助学生了解相关专业和行业领域的国家战略、法律法规和相关政策，引导学生深入社会实践、关注现实问题，培育学生经世济民、诚信服务、德法兼修的职业素养。

3. 教育引导学生深刻理解并自觉实践各行业的职业精神、职业规范，增强职业责任感，培养遵纪守法、爱岗敬业、无私奉献、诚实守信、公道办事、开拓创新的职业品格和行为习惯。

在此基础上，及时更新教材知识内容，体现产业发展的新技术、新工艺、新规范、新标准。加强教材数字化建设，丰富配套资源，形成可听、可视、可练、可互动的融媒体教材。

教材建设需要各方的共同努力，也欢迎相关教材使用院校的师生及时反馈意见和建议，我们将认真组织力量进行研究，在后续重印及再版时吸纳改进，不断推动高质量教材出版。

机械工业出版社

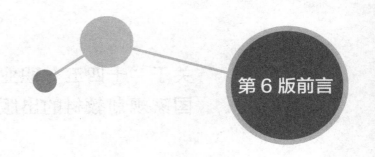

第 6 版前言

　　《建筑 CAD》从第 1 版面世已近二十年，自出版以来，十分注重收集使用反馈情况，并根据行业产业发展情况进行及时修订。本书先后被评为普通高等教育"十一五"国家级规划教材、"十二五"职业教育国家规划教材，受到广大师生和读者的厚爱。值此修订之际，对同行教师和广大读者的不吝指教致以诚挚感谢。

　　本书在编写过程中坚决贯彻党的二十大精神，以学生的全面发展为培养目标，融"专业知识学习、实践技能提升、职业素质养成"于一体，严格落实立德树人根本任务，将严谨规范、精益求精的工匠精神融入教学任务，教材内容对接土建类相关专业教学标准的要求，将知识点和技能点分解至建筑专业竣工图绘制任务中，将学生的职业素质、职业道德培养和课程思政内容落实在每个教学环节，以 CAD 绘制技能要求的技术应用为核心，本着实践—认识—再实践—再认识—拓展提高的顺序，采用教、学、做一体化现场教学模式，使学生在做中学，在学中做，做学结合，学生在完成任务过程中，掌握 CAD 应用技术的基本知识，训练 CAD 应用技术的基本技能，培养职业素质。教材体现了社会主义核心价值观和工匠精神。

　　本次修订适时更新了软件版本，同时将建筑绘图的新技术及时融入教材，依据"建筑工程识图"大赛的"模块二：建筑工程绘图"赛项要求，围绕建筑工程技术人员培养规格，以能力培养为核心，以职业成长规律和学生认知规律为基础，突出学生学习主体地位，以工作过程为导向，使之能够在规定时间内独立或合作完成施工阶段详图绘制技能要求的考核任务。

　　本书由入选山西省"三晋英才"拔尖骨干支持计划项目的陕晋军教授担任主编，编写团队都是长期从事建筑制图专业教学的教师，是多年来参与国家精品课程、国家级精品资源共享课程"建筑 CAD"教学团队的主要成员。教材编写团队在教改方面取得了突出成就，主持国家精品课程、国家精品资源共享课程建设，主持省职业院校教师素质提升计划创新平台项目建设，主持省级特色文化育人品牌项目建设，获得过省级教学成果二等奖、省教学能力大赛二等奖等，在解决实际建筑绘图问题方面都有丰富的经验。其中巩宁平编写第 1 章，邓美荣编写第 2 章，陕晋军编写第 3、8 章，温媛媛编写第 7 章和附录，任小龙编写第 4、5 章，刘双英编写第 6、9 章，全书由陕晋军统稿。

　　修订之际，诚惶诚恐，唯怕辜负一直以来支持我们的同行及广大师生读者，唯有以最大的诚意、认真负责的态度来做好工作，继续努力！由于编者水平有限，修订后仍难免有不当之处，敬请同行和读者一如既往不吝指教，编者再一次表示由衷的感谢！

编　者

微课二维码清单

名　　称	二维码	页码	名　　称	二维码	页码
绘制 A3 图幅、图框、标题栏		75	绘制立面图		126
填写标题栏		83	绘图前的准备工作		134
绘制定位轴线、轴线圈并编号		87	绘制外墙身详图		136
绘制墙线		94	绘制楼梯剖面图		148
绘制门窗		97	绘制楼梯节点详图		152
绘制散水及其他细部		104	绘制亭顶		174
标注尺寸		109	绘制台基、台阶及柱子等		177
将 A3 图纸制作成块并插入		122	四层宿舍楼建模		183

目 录

第 1 章

AutoCAD 2021基础知识

AutoCAD 2021 作为应用软件的一种，有其特定的操作方法与工作界面。本章将详细介绍 AutoCAD 2021 的基本操作，为用户使用 AutoCAD 2021 打下基础。

本章主要包括以下内容：安装 AutoCAD 2021 的硬件配置、启动 AutoCAD 2021、AutoCAD 2021 的工作界面、AutoCAD 2021 的文件管理以及绘图前必须了解的一些辅助知识。

1.1　AutoCAD 简介

AutoCAD 是由 Autodesk 公司开发的、应用最为广泛的专业制图软件。该软件自 1982 年推出以来，从初期的 1.0 版本，已经过多次典型版本更新和性能完善，在很多领域已替代了图板、直尺、绘图笔等传统的绘图工具，成为设计人员所依赖的重要工具。尤其是建筑类专业，从过去的图板绘图时代到今天的计算机绘图时代，极大地提高了设计质量和工作效率。作为建筑设计工作者，要想使 AutoCAD 成为得力的设计工具，必须熟练掌握其使用方法。

初期的 AutoCAD 主要用于绘图，随着计算机软、硬件及其他相关技术的发展，它不仅能作二维的平面图，而且可用于三维造型、曲面设计、机构分析仿真等方面。近年来出现的计算机集成制造系统，对 AutoCAD 系统的数据库及其管理系统、网络通信等方面提出了更高要求。要使 AutoCAD 真正实现辅助设计，就应将人工智能技术与传统的 AutoCAD 技术结合起来，形成智能化 AutoCAD，这是 AutoCAD 发展的必然趋势。

1.1.1　安装 AutoCAD 2021 的硬件配置

AutoCAD Autodesk 公司全新推出 AutoCAD 2021 版本，完美支持 Win7、Win8/8.1 和 Win10 的 32 位和 64 位系统（需要注意的是该版本不支持 XP 系统），主要用于二维绘图、详细绘制、设计文档和基本三维设计，现已经成为国际上广为流行的绘图工具。为了使 AutoCAD 2021 的优越性能得到充分发挥，建议用户采用的处理器至少配置 4GB 以上内存，支持 Windows 1024×768 或更高分辨率的显示适配器。有条件的用户还可增加打印机或绘图仪等设备。

1.1.2　AutoCAD 2021 的启动

AutoCAD 2021 软件安装后，系统自动在桌面上产生 AutoCAD 2021 快捷图标。同时，"开始"菜单中的"所有应用"子菜单也自动添加了 AutoCAD 2021 程序，如图 1-1 所示。

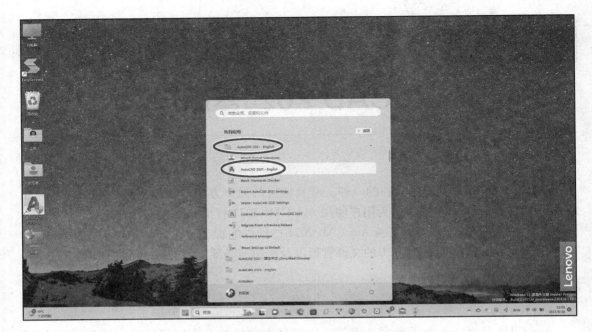

图 1-1 "程序"子菜单中的 AutoCAD 2021 程序

双击桌面上的 AutoCAD 2021 快捷图标，即可启动 AutoCAD 2021。

1.2 AutoCAD 2021 的工作界面

从 AutoCAD 2009 版本开始引入的 Ribbon 界面具有比以往更强大的上下文相关性，Auto-CAD 2021 版本继承了 Ribbon 界面，其能帮助用户直接获取所需的工具（减少用户的点击次数）。这种基于任务的 Ribbon 界面由多个选项卡组成，每个选项卡由多个面板组成，而每个面板则包含多款工具。与传统的菜单式工作界面相比较，Ribbon 界面的优势主要体现在如下几个方面：

1）所有功能有组织地集中存放，不再需要查找级联菜单、工具栏等。

2）能更好地在每个应用程序中组织命令。

3）提供足够显示更多命令的空间。

4）丰富的命令布局可以帮助用户更容易地找到重要的、常用的功能。

5）可以显示图示，对命令的效果进行预览，例如改变文本的格式等。

6）更加适合触摸屏操作。

虽然从菜单式界面到 Ribbon 界面有一个"漫长"的熟悉过程，但是一个不争的事实是，Ribbon 界面正在被越来越多的人接受。

正常启动 AutoCAD 2021 后，将会看到如图 1-2 所示的工作界面，包括标题栏、功能区、绘图区域、坐标系图标、命令窗口、状态栏与文件选项卡等内容。下面对界面内容进行介绍。

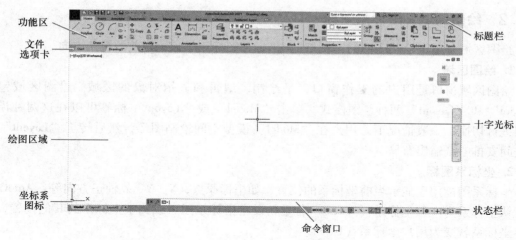

图 1-2　AutoCAD 2021 工作界面

1.2.1　标题栏与功能区

标题栏、功能区、状态栏是显示绘图和环境设置命令等内容的区域。

1. 标题栏

标题栏位于工作界面的最上方，它由"File"菜单按钮、"Customize Quick Access Toolbar"、当前图形标题、"Search"以及窗口按钮等组成。将鼠标光标移至标题栏上，右击鼠标或按<Alt+空格>键，将弹出窗口控制菜单，从中可执行窗口的最大化、还原、最小化、移动、关闭等操作，如图 1-3 所示。

图 1-3　窗口控制菜单

2. 功能区

在 AutoCAD 2021 中，功能区包含功能区选项卡、功能区面板和功能区按钮，其中功能区按钮是代替命令的简便工具，利用它们可以完成绘图过程中的大部分工作，而且使用工具进行操作的效率比使用菜单要高很多。使用功能区时无须显示多个工具栏，它通过单一紧凑的工作界面使应用程序变得简洁有序，使绘图窗口变得更大。

在功能区面板中，单击面板标题右侧的"最小化面板"按钮　，用户可以设置不同的最小化选项，如图 1-4 所示。

图 1-4　功能区

1.2.2 绘图区域、坐标系图标

绘图区域是用于绘制图形的"图纸"，坐标系图标用于显示当前的视角方向。

1. 绘图区域

绘图区域窗口是用户的工作窗口，是绘制、编辑和显示对象的区域。绘图区域包含"Model"和"Layout"两种绘图模式，单击"Model"或"Layout"标签可以在这两种模式之间进行切换。一般情况下，用户在"Model"模型空间绘制图形，然后转至"Layout"布局空间安排图纸输出布局。

2. 坐标系图标

坐标系图标用于显示当前坐标系的位置，如坐标原点，X、Y、Z 轴正方向等。AutoCAD 的默认坐标系为世界坐标系（WCS）。若重新设定坐标系原点或调整坐标系的其他位置，则世界坐标系就变为用户坐标系（UCS）。

1.2.3 命令窗口、文本窗口

命令窗口是用户通过键盘输入命令、参数等信息的地方。此外，用户通过菜单、功能区执行的命令也会在命令窗口中显示。默认情况下，命令窗口位于绘图区域的下方，用户可通过拖动命令窗口的左边框将其移至任意位置。

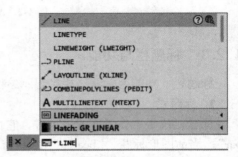

图 1-5 浮动状态下的命令行

在 AutoCAD 2021 中为命令行搜索添加了新内容，即自动更正和同义词搜索，当输入错误命令"Lime"时，将自动启动"Line"命令并搜索到多个可能的命令，如图 1-5 所示。

文本窗口是记录 AutoCAD 历史命令的窗口，用户可以通过按<F2>键打开文本窗口，快速访问完整的历史记录，如图 1-6 所示。

```
Command:
Command: _options
Command:
Command:  <Grid off>
Command: Specify opposite corner or [Fence/WPolygon/CPolygon]:
Command: Specify opposite corner or [Fence/WPolygon/CPolygon]:
Command: Specify opposite corner or [Fence/WPolygon/CPolygon]:
Command: Specify opposite corner or [Fence/WPolygon/CPolygon]:
Command: Specify opposite corner or [Fence/WPolygon/CPolygon]:
Command: *Cancel*
Command: *Cancel*
Command: *Cancel*
Command: *Cancel*
Command: Specify opposite corner or [Fence/WPolygon/CPolygon]:
Command: LINE
Automatic save to C:\Users\刘双英\AppData\Local\Temp\Drawing1_1_16955_61bb9920.sv$ ...LINE
LINE
Command: LINE
```

图 1-6 文本窗口

1.2.4 状态栏与快捷菜单

下面将对最常使用的状态栏与快捷菜单进行简单介绍。

1. 状态栏

状态栏位于工作界面的最底端，用于显示当前的绘图状态。状态栏最左端显示"MODEL"按钮，单击它，可在模型空间和图纸空间进行切换。其后是 Gridmode（栅格模式）、Snapmode（捕捉模式）、Orthomode（正交模式）、Polar Tracking（极轴追踪）、Isodraft（等轴测草图）、Object Snap（对象捕捉）、Show Annotation Objects（显示注释对象）、Workspace Switching（切换工作空间）、Annotation Monitor（注释监视器）、Isolate Objects（隔离对象）、Hardware Acceleration（硬件加速）、Clean Screen（全屏显示）、Customization（自定义）等具有绘图辅助功能的控制按钮，如图 1-7 所示。

图 1-7　状态栏

2. 快捷菜单

一般情况下，快捷菜单是隐藏的，在绘图窗口空白处单击鼠标右键将弹出快捷菜单，在无操作状态下单击鼠标右键弹出的快捷菜单与在操作状态下单击鼠标右键弹出的快捷菜单是不同的。图 1-8 所示为无操作状态下的快捷菜单。

1.2.5　工具选项板窗口

工具选项板窗口为用户提供组织、共享和放置块以及图案填充选项卡，如图 1-9 所示。用户可以通过单击"View"选项卡下"Palettes"面板中的"Tool Palettes"按钮方式打开或关闭工具选项板窗口。

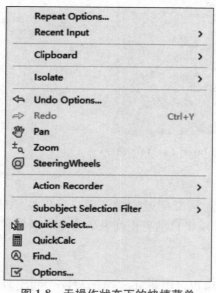

图 1-8　无操作状态下的快捷菜单

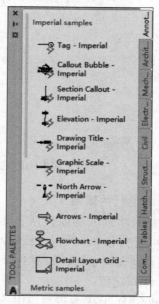

图 1-9　工具选项板窗口

1.2.6　AutoCAD 2021 新增功能

AutoCAD 2021 新增了许多特性，例如 Windows 触屏操作、图层管理功能的加强、命令行的增强、地理定位、工作空间等。

1. 支持 Windows 触屏操作

Windows 8 及以上版本操作系统，其关键特性就是支持触屏，而 AutoCAD 2021 在 Windows 8 及以上版本操作系统中也可以支持触屏操作。

2. 图层管理功能的加强

在"LAYER PROPERTIES MANAGER"（图层特性）管理器对话框中，图层的名称按照数字顺序进行排序。用户可以选中要合并的图层，然后右击鼠标，在弹出的快捷菜单中选择"Merge selected layer（s）to"（将选定图层合并到）命令，打开"Merge to layer"（合并到图层）对话框，选择一个目标图层，单击"OK"按钮，即可完成合并图层的操作，如图 1-10 和图 1-11 所示。

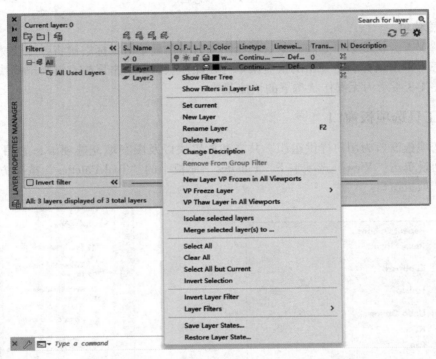

图 1-10　选择"Merge selected layer（s）to"命令

3. 命令行的增强

命令行增强的功能包括自动完成、自动更正、同义词搜索等。用户可以在"Manage"（管理）选项卡中，执行"Edit AutoCorrect List"（编辑自动更正列表）命令，添加自己的自动更正和同义词条目，如图 1-12 和图 1-13 所示。

4. 地理定位

AutoCAD 2021 改进对使用地理数据的支持，用户可以将 dwg 图形与现实的实景地图结合在一起，利用 GPS 等定位方式可直接定位到指定位置。

5. 工作空间

AutoCAD 2021 的工作空间取消了经典模式，位置也由标题栏移至状态栏，可在状态栏切换工作空间，如图 1-14 所示。AutoCAD 2021 还可以导入 3ds Max 的 fbx 格式。

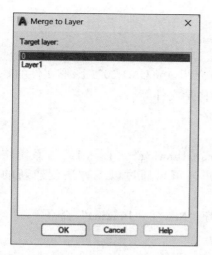

图 1-11　选择 "Merge to layer" 对话框

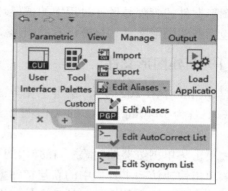

图 1-12　选择 "Edit AutoCorrect List" 命令

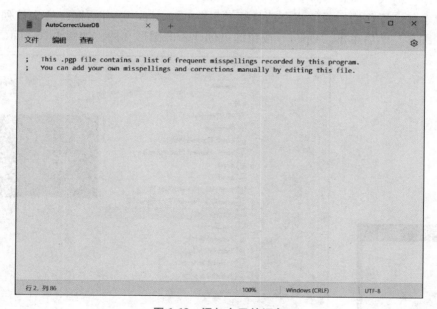

图 1-13　添加自己的词条

图 1-14　Workspace Switching 菜单

1.3 AutoCAD 2021 的文件管理

图形文件的管理是设计过程中的重要环节，本节介绍 AutoCAD 2021 图形文件的基本操作，包括新建图形文件、打开已有的图形文件、保存图形文件等。

1.3.1 新建图形文件

启动 AutoCAD 2021 后，单击工作界面中的"Start Drawing"（图 1-15），系统将自动创建一个名为 Drawing1. dwg 的空白图形文件。用户还可以通过以下方法创建新的图形文件。

➢ 单击菜单浏览器按钮 ▲ ，在弹出的列表中执行"New"→"Drawing"命令。

➢ 单击快速访问工具栏中的新建按钮 □ 。

➢ 在面板栏的文件选项卡的空白处右击，选择"New"命令。

➢ 在命令行输入"New"命令并按<Enter>键。

执行以上任一操作后，系统将自动打开"Select template"对话框，从文件列表中选择需要的样板图形，然后单击"Open"按钮即可创建新的图形文件，如图 1-16 所示。

图 1-15 "Start Drawing"界面

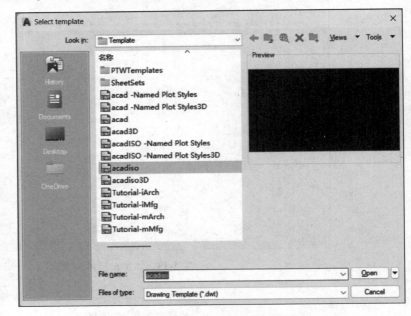

图 1-16 "Select template"对话框

该对话框列出了所有可供使用的样板图形，供用户单击选择。用户可以利用样板图形创建新图形。所谓样板图形是指进行了某些设置的特殊图形。实际上，样板图形和普通图形并无区别，只是作为样板的图形具有通用性，可以用于绘制其他图形。样板图形中通常包含下列设置和图形元素。

● 单位类型、精度和图形界限。

- 捕捉、栅格和正交设置。
- 图层、线型和线宽。
- 标题栏和边框。
- 标注和文字样式。

1.3.2　打开已有图形文件

启动 AutoCAD 2021 后，可以通过以下方式打开已有的图形文件。

➢ 单击菜单浏览器按钮，在弹出的列表中执行 "Open"→"Drawing" 命令。

➢ 单击快速访问工具栏中的打开按钮。

➢ 在面板栏的文件选项卡的空白处右击，选择 "Open" 命令。

➢ 在命令行输入 "New" 命令并按<Enter>键。

执行以上任一操作后，系统将自动打开 "Select File" 对话框，如图 1-17 所示。在该对话框的 "Look in" 下拉列表中选择要打开的图形文件夹，然后单击 "Open" 按钮或者双击文件名，即可打开图形文件。在该对话框中也可以单击 "Open" 按钮右侧的下拉按钮，在弹出的下拉列表中选择使用所需方式来打开图形。

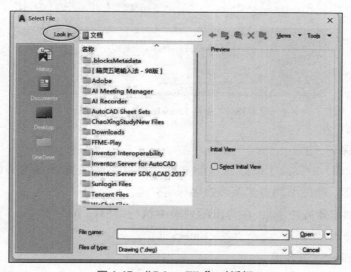

图 1-17　"Select File" 对话框

AutoCAD 2021 支持同时打开多个图形文件。利用 AutoCAD 的这种多文档特性，用户可在打开的多个图形文件之间来回切换、修改、绘图，还可参照其他图形进行绘图，在图形之间复制和粘贴图形对象，或从一个图形向另一个图形移动。

1.3.3　保存图形文件

在绘图过程中，为了避免误操作导致图形文件的意外丢失，需要随时对图形文件进行保存。对图形文件进行保存，可以直接保存，也可以更改名称后保存为另一个文档。

1. 保存新建的图形文件

AutoCAD 2021 中可以通过下列方式保存新建的图形文件。

➤ 单击菜单浏览器按钮 **A⁻**，在弹出的列表中执行"Save"命令。

➤ 单击快速访问工具栏中的保存按钮 **⊞**。

➤ 在面板栏的文件选项卡的空白处右击，选择"Save All"命令。

➤ 在命令行输入"Save"命令并按<Enter>键。

➤ 按<Ctrl+S>组合键。

执行以上任一操作后，系统将自动打开"Save Drawing As"对话框，如图1-18所示。在"Save in"下拉列表中指定文件保存的文件夹，在"File name"文本框中输入图形文件的名称，在"Files of type"下拉列表中选择保存文件的类型，最后单击"Save"按钮。

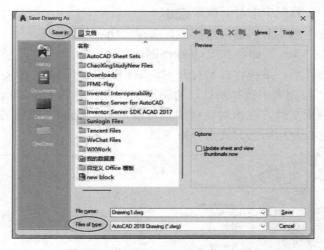

图 1-18 "Save Drawing As"对话框

2. 图形换名保存

在 AutoCAD 2021 中，对于已经保存的文件，可以更改名称保存为另外一个图形文件。先打开该图形，然后通过下列方式实施换名保存。

➤ 单击菜单浏览器按钮 **A⁻**，在弹出的列表中执行"Save As"命令。

➤ 在命令行输入"Save"命令并按<Enter>键。

➤ 按<Ctrl+Shift+S>组合键。

执行以上任一种操作后，系统将自动打开"Save Drawing As"对话框，设置所需要的文件名称及其他选项后即可保存。

1.4 AutoCAD 系统选项设置

安装 AutoCAD 2021 软件后，系统将自动完成默认的初始系统配置。用户在绘图过程中，可以通过下列方式进行系统配置。

➤ 在绘图区域中单击鼠标右键，在弹出的快捷菜单中选择"Options"命令。

➤ 在命令行输入"Options"命令并按<Enter>键。

执行以上任一操作后，系统将打开"Options"对话框，如图1-19所示。

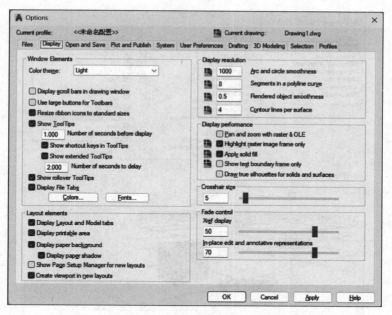

图 1-19 "Options" 对话框

1.4.1　Display（显示）

单击"Options"对话框中的"Display"标签，切换到"Display"选项卡，其中包括 6 个选项组："Window Elements""Display resolution""Layout elements""Display performance""Crosshair size"和"Fade control"，分别对其进行操作，即可以实现对原有工作界面中某些内容的修改。现仅对其中常用内容的修改加以说明。

1. 修改图形窗口中十字光标的大小

系统预设十字光标的长度为屏幕大小的 5%，用户可以根据绘图的实际需要更改其大小。改变十字光标大小的方法为：在"Crosshair size"选项组中的文本框中直接输入数值，或者拖动文本框后的滑块，即可以对十字光标的大小进行调整。

2. 修改绘图窗口背景颜色

在默认情况下，AutoCAD 2021 的绘图窗口是黑色背景、白色线条，利用"Options"对话框中的"Display"选项卡，可以对其进行修改。

修改绘图窗口颜色的步骤如下。

① 单击"Window Elements"选项组中的"Colors"按钮，弹出如图 1-20 所示的"Drawing Window Colors"对话框。

② 单击"Color"下拉列表框中的下拉箭头，在弹出的下拉列表中，选择"White"，然后单击"Apply&Close"按钮，则 AutoCAD 2021 的绘图窗口将变为白色背景、黑色线条。

1.4.2　Open and Save（打开和保存）

在"Open and Save"选项卡中，用户可以进行文件保存、文件安全措施、文件打开、外部参照等方面的设置，如图 1-21 所示。

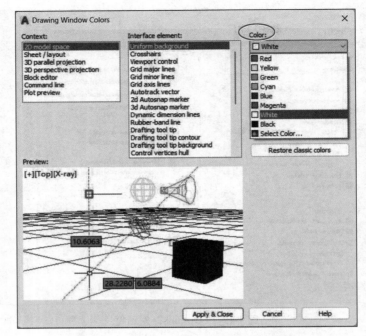

图 1-20　"Drawing Window Colors" 对话框

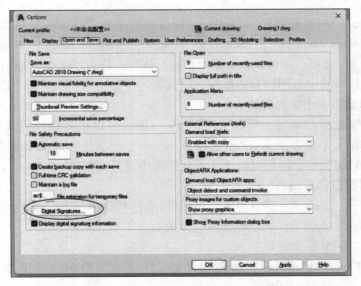

图 1-21　"Open and Save" 选项卡

1. File Save（文件保存）

通过 "File Save" 选项组可以进行文件保存的类型设置、缩略图预览设置和增量保存百分比设置等。

2. File Safety Precautions（文件安全措施）

该选项组用于设置自动保存的间隔时间、是否创建副本、设置临时文件的扩展名等。单击"Digital Signatures"按钮，可打开相应的对话框，如图 1-22 所示。通过对图形文件应用数字签名，可以确保未经授权的用户无法打开或查看图形。

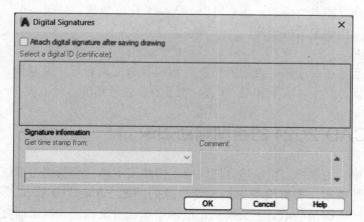

图 1-22　"Digital Signatures"对话框

1.5　坐标知识

了解 AutoCAD 2021 的坐标知识对学习 CAD 制图以及以后的施工图绘制是非常必要的，因为以后的很多 CAD 命令的使用都和坐标有关。

1.5.1　坐标系统

在使用 AutoCAD 2021 软件进行绘图时，AutoCAD 通过坐标系确定点的位置。AutoCAD 坐标系分为世界坐标系（WCS）和用户坐标系（UCS）。

1. 世界坐标系

世界坐标系（WCS）是 AutoCAD 打开时默认的基本坐标系，通过 3 个相互垂直并相交的 X、Y、Z 轴来确定空间中的位置。

2. 用户坐标系

AutoCAD 提供了可变的用户坐标系（UCS）以方便绘制图形。在默认情况下，用户坐标系和世界坐标系重合，用户可以在绘图过程中根据具体需要来定义 UCS。

1.5.2　坐标输入方法

绘制图形时，如何精确地输入点的坐标是关键，经常采用的精确定位坐标点的方法有四种，即绝对坐标、相对坐标、绝对极坐标和相对极坐标。

1. 绝对坐标

绝对坐标是以当前坐标系原点为输入坐标值的基准点，输入的点的坐标值都是相对于坐标系原点（0，0，0）的位置而确定的。

2. 相对坐标

相对坐标是以前一个输入点为输入坐标值的参考点，输入点的坐标值是以前一点为基准而确定的，用户可以用（@ x，y）的方式输入相对坐标。

3. 绝对极坐标

绝对极坐标是以原点为极点。用户可以输入一个长度数值，后跟一个 "<" 符号，再加一个角度值，即可指明绝对极坐标。

4. 相对极坐标

相对极坐标通过相对于某一点的极长距离和偏移角度来表示。通常用 "@$l<\alpha$" 的形式来表示相对极坐标。其中@ 表示相对，l 表示极长，α 表示角度。

1.6 AutoCAD 2021 的绘图辅助知识

在实际绘图中，用鼠标定位虽然方便快捷，但精度不高，绘制的图形极不精确，远远不能满足工程制图的要求。为解决快速精确定位点的问题，AutoCAD 提供了一些绘图辅助工具，包括捕捉模式、栅格显示、正交模式、极轴追踪、对象捕捉和对象捕捉追踪等。利用这些绘图辅助工具，能够极大地提高绘图的精度和效率。在学习绘图及编辑命令以前，我们有必要对绘图前的准备工作以及一些相关概念有所了解。

1.6.1 设置绘图界限

绘图界限就是表明用户的工作区域和图纸的边界。设置绘图界限的目的是避免用户所绘制的图形超出某个范围。

在 AutoCAD 2021 中，在命令行输入 "Limits" 并按<Enter>键，命令行出现如下提示：

Reset Model space limits：重新设置模型空间界限。

Specify lower left corner or ［ON/OFF］<0.0000，0.0000>：设置图形界限左下角的位置，默认值为（0，0）。用户可按<Enter>键接受其默认值或输入新值。

命令行继续提示用户设置绘图界限右上角的位置：

Specify upper right corner<420.0000，297.0000>：可以接受其默认值或输入一个新坐标以确定绘图界限的右上角位置。

1.6.2 捕捉和栅格

在绘制图形时，使用捕捉和栅格有助于创建和对齐图形中的对象。

一般情况下，捕捉用于控制间隔捕捉功能，如果捕捉功能打开，则光标将锁定在不可见的捕捉网格点上，做步进式移动。捕捉间距在 X 方向和 Y 方向一般相同，也可以不同。

栅格是现实可见的参照网格点，当栅格打开时，它在图形范围界限内显示。栅格既不是图形的一部分，也不会输出，但对绘图起着很重要的辅助作用，如同坐标格一样。栅格点的间距值可以和捕捉间距相同，也可以不同。图 1-23 为栅格打开状态时的绘图区。

用户可在 "Drafting Settings" 对话框（图 1-24）中进行辅助功能的设置。打开该对话框有如下两种方法。

➤ 在状态栏中右击 "Snapmode" 弹出快捷菜单，选择 "Snap settings" 命令。

➤ 在命令行输入 "Dsettings"（简捷命令 DS）并按<Enter>键。

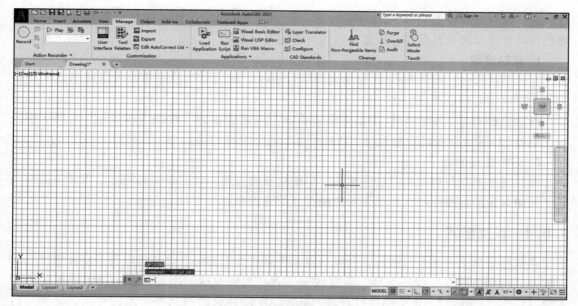

图 1-23　栅格打开状态时的绘图区

图 1-24　"Drafting Settings" 对话框中的 "Snap and Grid" 选项卡

在 "Drafting settings" 对话框中，"Snap and Grid" 选项卡用来对捕捉和栅格功能进行设置。

对话框中的 "Snap On" 复选框控制是否打开捕捉功能。在 "Snap spacing" 选项组中可以设置捕捉的 X 方向间距和 Y 方向间距。利用<F9>键也可以在打开和关闭捕捉功能之间切换。

"Grid On" 复选框控制是否打开栅格功能。"Grid spacing" 选项组用来设置可见网格的间距。利用<F7>键也可以在打开和关闭栅格功能间切换。

1.6.3　自动追踪

AutoCAD 提供的自动追踪功能可以使用户在特定的角度和位置绘制图形。打开自动追踪功能，执行时屏幕上会显示临时辅助线，帮助用户在指定的角度和位置上精确地绘制图形。自动追踪功能包括两种：极轴追踪和对象捕捉追踪。

1. 极轴追踪

在绘图过程中，当 AutoCAD 要求用户给定点时，利用极轴追踪功能可以在给定的极角方向上出现临时辅助线。

极轴追踪的有关设置可在"Drafting settings"对话框中的"Polar Tracking"选项卡中完成。用<F10>键可以在打开和关闭"Polar Tracking"之间切换。

2. 对象捕捉追踪

对象捕捉追踪与对象捕捉功能相关，启用对象捕捉追踪功能之前必须先启用对象捕捉功能。利用对象捕捉追踪可产生基于对象捕捉点的辅助线。

1.6.4 正交模式

用鼠标来画水平和垂直线时，会发现要真正画直并不容易。光凭肉眼去观察和掌握，稍一偏差，就会出现水平线不水平、垂直线不垂直。为解决这个问题，AutoCAD 提供了一个正交（Ortho）功能。当正交模式打开时，AutoCAD 限定只能画水平线或铅垂线，使用户可以精确地绘制水平线和铅垂线，这样可以大大地方便绘图。另外可以用<F8>键在打开和关闭正交功能之间切换。

1.6.5 对象捕捉

AutoCAD 2021 中，捕捉功能分为两种：一种是栅格捕捉，一种是对象捕捉。对象捕捉是一个十分有用的工具。其作用是：十字光标可以被强制性地准确定位在已存在实体的特定点或特定位置上。形象地说，对于屏幕上两条直线的一个交点，若要以这个交点为起点再画直线，就要求能准确地把光标定位在这个交点上，这仅靠肉眼是很难做到的。若利用对象捕捉功能，只需把交点置于选择框内，甚至选择框的附近，便可准确地定位在交点上，从而保证了绘图的精确度。

1. 设置对象捕捉模式

AutoCAD 所提供的对象捕捉功能，均是对绘图中控制点的捕捉而言的。打开"Drafting Settings"对话框并切换到"Object Snap"选项卡，选项卡中两个复选框"Object Snap On"和"Object Snap Tracking On"用来确定对象捕捉功能和对象捕捉追踪功能。AutoCAD 2021 共有14 种目标捕捉方式，如图 1-25 所示，下面分别对这 14 种捕捉方式加以介绍。

（1）Endpoint（端点捕捉）

用来捕捉实体的端点，该实体可以是一段直线，也可以是一段圆弧。

（2）Midpoint（中点捕捉）

用来捕捉一条直线或圆弧的中点。捕捉时

图 1-25 "Drafting Settings"对话框
中的"Object Snap"选项卡

只需将靶区放在直线上即可，而不一定放在中部。

（3）Center（圆心捕捉）

使用圆心捕捉方式，可以捕捉一个圆、弧或圆环的圆心。

（4）Geometric Center（几何中心捕捉）

使用几何中心捕捉方式，可以捕捉一个几何体的中心。

（5）Node（节点捕捉）

用来捕捉点实体或节点。使用时，需将靶区放在节点上。

（6）Quadrant（象限点捕捉）

用来捕捉圆、圆环或弧在整个圆周上的四分点。靶区总是捕捉离它最近的那个象限点。

（7）Intersection（交点捕捉）

用来捕捉实体的交点。这种方式要求实体在空间内必须有一个真实的交点，无论交点目前是否存在，只要延长之后相交于一点即可。

（8）Extension（延伸线捕捉）

用来捕捉一已知直线延长线上的点，即在该延长线上选择出合适的点。

（9）Insertion（插入点捕捉）

用来捕捉一个文本或图块的插入点，对于文本来说即为其定位点。

（10）Perpendicular（垂足捕捉）

用来在一条直线、圆弧或圆上捕捉一个点，从当前已选定的点到该捕捉点的连线与所选择的实体垂直。

（11）Tangent（切点捕捉）

用来在圆或圆弧上捕捉一点，使这一点和已确定的另外一点连线与实体相切。

（12）Nearest（最近点捕捉）

用来捕捉直线、弧或其他实体上离靶区中心最近的点。

（13）Apparent intersection（延伸交点）

用来捕捉两个实体的延伸交点。该交点在图上并不存在，而仅仅是同方向上延伸后得到的交点。

（14）Parallel（平行点捕捉）

用来捕捉一点，使已知点与该点的连线与一条已知直线平行。

2. 利用快捷菜单进行对象捕捉

AutoCAD 还提供了另外一种对象捕捉的操作方式，即在命令要求输入点时，临时调用对象捕捉功能，此时它覆盖"Object Snap"选项卡的设置，称为单点优先方式。此方法只对当前点有效，对下一点的输入就无效了。在命令要求输入点时，同时按下 <Shift> 键和鼠标右键，在屏幕当前光标处出现对象捕捉快捷菜单，如图 1-26 所示。

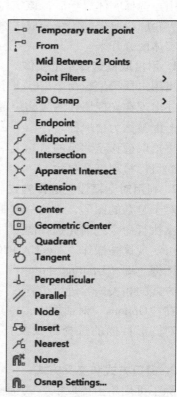

图 1-26　对象捕捉快捷菜单

1.6.6 动态输入

动态输入设置可使用户直接在鼠标点处快速启动命令、读取提示和输入值，而不需要把注意力分散到图形编辑器外。用户可在创建和编辑几何图形时动态查看标注值，如长度和角度，通过<Tab>键可在这些值之间切换。可使用在状态栏中新设置的■■切换按钮来启用动态输入功能。

1.6.7 Customization（自定义）辅助按钮

单击状态栏上的 Customization（自定义）辅助按钮，弹出快捷菜单，如图 1-27 所示。用户通过打开或关闭相关命令，可以快速定义出现在状态栏上的各辅助按钮。

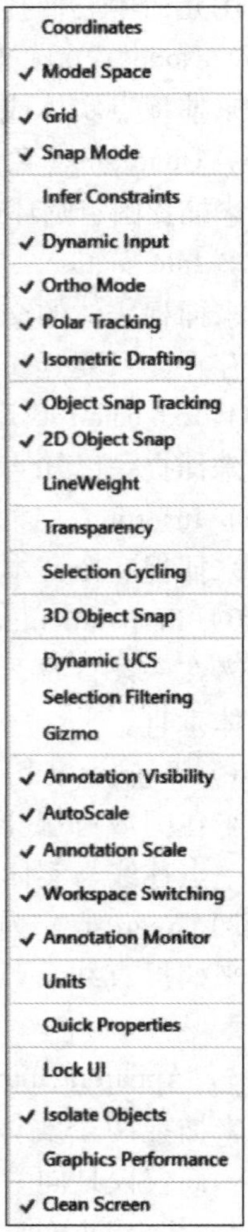

1.7 目标选择

目标选择，顾名思义就是如何选择目标。在 AutoCAD 中，正确快捷地选择目标是进行图形编辑的基础，只要进行图形编辑，用户就必须准确无误地通知 AutoCAD，将要对图形文件中的哪些实体（或目标）进行操作。

用户选择实体目标后，该实体将呈高亮显示，即组成实体的边界轮廓线原先的实线变成虚线，十分明显地和那些未被选中的实体区分开来。

1. 用拾取框选择单个实体

当用户执行编辑命令后，十字光标被一个小正方形框所取代，并出现在光标所在的当前位置处，在 AutoCAD 中，这个小正方形框被称为拾取框。

将拾取框移至编辑的目标上单击，即可选中目标，此时被选中的目标呈现高亮显示。

2. 利用对话框设置选择方式

对于复杂的图形，往往一次要同时对多个实体进行编辑操作或在执行命令之前先选择图形目标。设置恰当的目标选择方式即可实现这种操作。AutoCAD 2021 提供了用来设置选择方式

图 1-27 Customization
快捷菜单

的对话框，即"Drafting settings"对话框下的"Options"对话框。在该对话框中，用户可对选择方式的相关内容进行设置。

在"Options"对话框中，打开"Selection"选项卡（图 1-28），在其中可以根据需要灵活地对图形目标的选择方式及其附属功能进行设置，有效的选择方式可极大地提高绘图速度。

3. 窗口方式和交叉方式

除了可用单击拾取框方式选择单个实体外，AutoCAD 还提供了矩形选择框方式来选择多个实体。矩形选择框方式又包括窗口方式和交叉方式，这两种方式既有联系，又有区别。

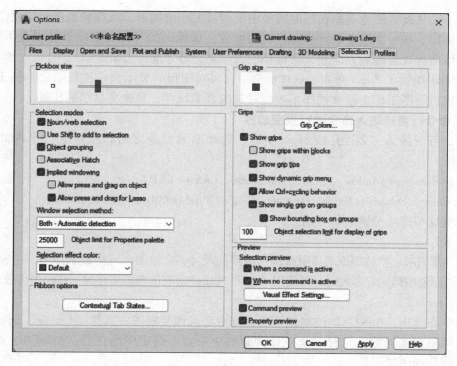

图 1-28　"Options" 对话框中的 "Selection" 选项卡

（1）窗口方式

执行编辑命令后，在 "Select objects："提示下单击鼠标左键，选择第一对角点，从左向右移动鼠标至恰当位置，再单击鼠标左键，选取另一对角点，即可看到绘图区内出现一个实线的矩形，称之为窗口方式下的矩形选择框。此时，只有全部被包含在该选择框中的实体目标才被选中。

（2）交叉方式

执行编辑命令后，在 "Select objects："提示下单击鼠标左键，选取第一对角点，从右向左移动鼠标，再单击鼠标左键，选取另一对角点，即可看到绘图区内出现一个呈虚线的矩形，称之为交叉方式下的矩形选择框。此时，完全被包含在矩形选择框之内的实体以及与选择框部分相交的实体均被选中。

1.8　视窗的显示控制

使用 AutoCAD 绘图时，由于显示器大小的限制，往往无法看清图形的细节，也就无法准确地绘图。为此 AutoCAD 2021 提供了多种改变图形显示的方式。可以用放大图形的显示方式来更好地观察图形的细节，也可以用缩小图形的显示方式浏览整个图形，还可以通过视图的平移的方法来重新定位视图在绘图区域中的位置等。

1.8.1　Zoom（视窗缩放）

绘图时所能看到的图形都处在视窗中。利用视窗缩放功能，可以改变图形实体在视窗中显示的大小，从而方便地观察在当前视窗中太大或太小的图形，或准确地进行绘制实体、捕捉目标等操作。作一个形象的比喻，视窗的缩放，就像人的身体在移动而使视点不断变化，巨大的物体需远观方能观其全貌，而极小的物体需近看才能看得清楚。

AutoCAD 提供了 Zoom 命令，通过此命令，可对图形的显示大小进行缩放，便于用户观察图形，进行绘图工作。缩放视图不改变对象的真实尺寸，只改变显示的比例。

1. 在命令行直接输入命令进行视窗缩放

在命令行下输入"Z"并按<Enter>键，启动缩放命令之后，在命令行出现如下提示信息。

Specify corner of window, enter a scale factor（nX or nXP）, or

[All/Center/Dynamic/Extents/Previous/Scale/Window/Object]<real time>:

下面对这些选项分别进行介绍。

（1）All

选择全部选项，将依照图形界限或图形范围的尺寸，在绘图区域内显示图形。一般情况下，当不清楚图形范围到底有多大时，可使用"All"选项使所有的图形实体显示在绘图区域内。

（2）Center

选择中心选项，AutoCAD 将根据所确立的中心点调整视图。选择"Center"选项后，用户可直接用鼠标在屏幕上选择一个点作为新的中心点。确定中心点后，AutoCAD 要求输入放大系数或新视图的高度。

如果在输入的数值后面加一个字母 X，则此输入值为放大倍数，如果未加 X，则 AutoCAD 将这一数值作为新视图的高度。

（3）Dynamic

"Dynamic"选项先临时将图形全部显示出来，同时自动构造一个可移动的视图框（该视图框通过切换后可以成为可缩放的视图框），用此视图框来选择图形的某一部分作为下一屏幕上的视图。在该方式下，屏幕将临时切换到虚拟显示屏状态。

（4）Extents

"Extents"选项将所有图形全部显示在屏幕上，并最大限度地充满整个屏幕。

（5）Previous

用来恢复上一次显示的图形视区。

（6）Scale

选择比例方式，可根据需要比例放大或缩小当前视图，且视图的中心点保持不变。选择此选项后，AutoCAD 要求用户输入缩放比例倍数。输入倍数的方式有两种：一种是数字后加字母 X，表示相对于当前视图的缩放倍数；一种是只有数字，该数字表示相对于图形界限的倍数。一般来说，相对于当前视图的缩放倍数比较直观，且容易掌握，因此比较常用。

（7）Window

"Window"选项可直接用 Window 方式选择下一视图区域。当选择框的宽高比与绘图区的宽高比不同时，AutoCAD 使用选择框宽与高中相对当前视图放大倍数的较小者，以确保所选区域都能显示在视图中。事实上，选择框的宽高比几乎都不同于绘图区，因此选择框外附近的图形实体也可以出现在下一视图中。

（8）Object

缩放以便尽可能大地显示一个或多个选定的对象并使其位于绘图区域的中心。可以在启动 Zoom 命令前后选择对象。

（9）Real time

"Real time" 选项为系统默认项，直接按<Enter>键则选中该选项，在命令行提示如下：

按<Esc>或<Enter>键退出，或单击鼠标右键显示快捷菜单。

单击鼠标右键，屏幕上弹出一个快捷菜单，如图 1-29 所示。下面对快捷菜单中的每一项分别加以介绍。

- Exit：单击此命令，便可直接退出缩放命令。
- Pan：单击该命令，光标将成为手的形状，拖动光标，便可使视图向相同方向平移。屏幕的平移将在后面进行详细介绍。
- Zoom：单击此命令，将重新回到视图动态缩放的状态。
- 3D Orbit：单击此命令，可对图形实体在三维空间内进行旋转和缩放。
- Zoom Window：该命令与 "Window" 选项功能相同，只是光标稍有区别，且选择完两个对角点之后不需按<Enter>键确认。
- Zoom Original：与 "Previous" 选项功能相同。
- Zoom Extents：图形完全显示。

2. 使用工具按钮进行视图缩放

在 AutoCAD 2021 中，用户可以通过单击右侧浮动面板 "Zoom" 按钮执行缩放命令，如图 1-30所示。

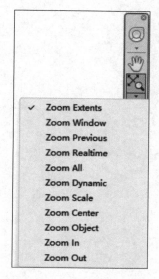

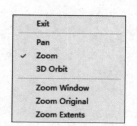

图 1-29　Real time 快捷菜单　　　　　图 1-30　Zoom 菜单

1.8.2　Pan（视窗平移）

使用 AutoCAD 绘图时，当前图形文件中的所有图形实体并不一定全部显示在屏幕内，如果想查看当前屏幕外的实体，可以使用视窗平移命令 "Pan"。"Pan" 比缩放视图视窗要快得多，另外平移视窗的操作直观形象而且简便。

在 AutoCAD 2021 中，可以通过以下方法执行 Pan 命令。

➢ 在右侧浮动面板中单击"Pan"按钮🖐。

➢ 在命令行输入"Pan"（简捷命令 P）并按<Enter>键。

此时屏幕上出现🖐图标，拖动鼠标，即可移动图形显示，就像用手在图板上推动图纸一样。

 思考与练习

　1. CAD 2021 软件的界面包括哪些元素？

　2. 常用的绘图环境设置包括哪些步骤？

第 2 章

基本绘图命令和编辑方法

在绘图过程中，无论多复杂的几何图形都是由基本图形元素组成的，这些基本图形元素包括直线、圆、圆弧等。绘制、修改和编辑这些基本图形的命令就构成了 AutoCAD 的最基本的绘图命令。因此要想熟练地绘制图形，还需熟悉和掌握这些最基本的绘图命令和图形编辑方法。

2.1 绘制直线几何图形

在建筑工程图的绘制中，用得最多而且用途最广泛的图形元素是直线和直线组成的几何图形。本节将介绍直线和直线组成的几何图形的绘制方法。

2.1.1 Point（绘制点）

在 AutoCAD 中，点（Point）可以作为实体，用户可以像创建直线、圆和圆弧一样创建点。作为实体的点与其他实体相比没有任何区别，同样具有各种实体属性，而且也可以被编辑。系统默认情况下，点对象仅被显示为一个小圆点，用户可以通过系统变量 Pdmode 和 Pdsize 来更改点的显示类型和尺寸。

1. 设置点的样式

定制点的类型可通过以下两种方法。

➢ 单击功能区 "Home"→"Utilities"→"Point Style" 命令。

➢ 在命令行输入 "Ddptype" 并按<Enter>键。

启动该命令后，弹出一个 "Point Style" 对话框，如图 2-1 所示，在该对话框中用户可以选取自己所需要的点的类型，还可以调整点的大小，也可以进行一些其他设置。该对话框中各部分内容介绍如下。

● "Point Size" 文本框：利用输入数值的大小决定点的大小。

● Set Size Relative to Screen：设置相对尺寸。

● Set Size in Absolute Units：设置绝对尺寸。

2. 绘制多点

设置点样式后，执行 "Home"→"Draw"→"Multiple Points" 命令，如图 2-2 所示。通过在绘图区单击鼠标左键或输入点的坐标值指定点。若绘制单点，在绘图区单击鼠标左键，完成后按<Esc>键结束绘制单点命令即可。若需要绘制多个点，在绘图区连续单击鼠标左键，完成后按<Esc>键结束绘制多点命令。

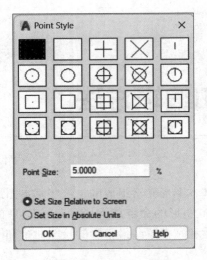

图 2-1 "Point Style" 对话框

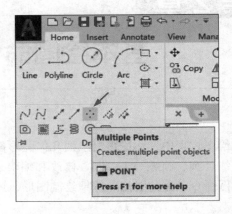

图 2-2 单击 "Multiple Points" 按钮

3. 绘制定数等分点

"Divide" 命令可以将所选对象按指定的线段数目进行平均等分。在 AutoCAD 2021 中用户可以通过以下方式执行该命令。

➢ 单击功能区 "Home"→"Draw"→"Divide" 按钮 。

➢ 在命令行输入 "Divide" 并按<Enter>键。

4. 绘制定距等分点

"Measure" 命令可以从所选对象的某一个端点开始，按照指定的长度开始划分，等分对象的最后一段可能要比指定的长度短。在 AutoCAD 2021 中用户可以通过以下方式执行该命令。

➢ 单击功能区 "Home"→"Draw"→"Measure" 按钮 。

➢ 在命令行输入 "Measure" 并按<Enter>键。

"Point" 命令在绘制建筑施工图中的应用如图 2-3 所示。

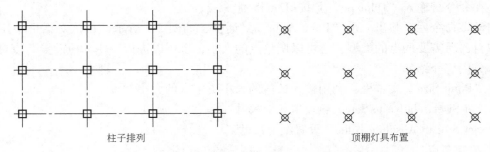

柱子排列　　　　　　　　　　　　顶棚灯具布置

图 2-3 "Point" 命令在绘制建筑施工图中的应用

2.1.2 Line（绘制直线）

在 AutoCAD 2021 中，命令的执行既可以通过单击相应功能区面板中的命令按钮，也可以通过在命令行输入命令来执行。从本节开始，在介绍命令的执行方式时只介绍在命令行输入命令这种方式。

绘制直线的命令是 Line（简捷命令 L）。执行命令 Line，一次可绘制一条线段，也可以连续绘制多条线段（其中每一条线段都彼此相互独立）。

直线段是由起点和终点来确定的，可以通过鼠标或键盘来决定起点或终点。

启动 Line 命令后命令行给出如下提示：

Specify first point：确定线段起点。

Specify next point or ［Undo］：确定线段终点或输入 U 取消上一线段。

Specify next point or ［Undo］：如果只想绘制一条线段，可在该提示下直接按<Enter>键，以结束绘制线段操作。

另外，当连续绘制两条以上的直线段时，命令行将反复给出如下提示：

Specify next point or ［Close/Undo］：确定线段的终点，或输入 Close（C）将最后端点和最初起点连线形成一闭合的折线，也可输入 U 以取消最近绘制的直线段。

2.1.3　Pline（绘制多段线）

多义线可以由等宽或不等宽的直线以及圆弧组成。AutoCAD 把多段线看成一个单独的实体。

绘制多段线的命令是 Polyline（简捷命令 PL），启动 Polyline 命令后，命令行给出如下提示：

Specify start point：确定多段线的起点。

确定之后，命令行出现如下一组提示：

Specify next point or ［Arc/Halfwidth/Length/Undo/Width］：确定下一点。

确定以后，命令行继续出现如下一组提示：

Specify next point or ［Arc/Close/Halfwidth/Length/Undo/Width］：确定下一点。

下面分别介绍这些选项。

（1）Arc（圆弧）

选择该选项后，又会出现以下提示：

Specify endpoint of arc（hold Ctrl to switch direction）or ［Angle/Center/Direction/Halfwidth/Line/Radius/Second pt/Undo/Width］：

选项中各项含义如下。

- Angle：指定圆弧的内含角。
- Center：为圆弧指定圆心。
- Direction：取消直线与弧的相切关系设置，改变圆弧的起始方向。
- Line：返回绘制直线方式。
- Radius：指定圆弧半径。
- Second pt：指定三点绘制弧。

其他各选项与 Polyline 命令下的同名选项意义相同，以后再介绍。

（2）Close（闭合）

该选项自动将多段线闭合，即将选定的最后一点与多段线的起点连起来，并结束命令。

当多段线的宽度大于 0 时，若想绘制闭合的多段线，一定要用 Close 选项，才能使其完全封闭。否则，即使起点与终点重合，也会出现缺口，如图 2-4 所示。

（3）Halfwidth（半宽）

该选项用于指定多段线的半宽值，绘制多段线的过程中，每一段都可以重新设置半宽值。

（4）Length（长度）

定义下一段多段线的长度，AutoCAD 将按照上一线段的方向绘制这一段多段线。若上一段是圆弧，将绘制出与圆弧相切的线段。

（5）Undo（取消）

取消刚刚绘制的那一段多段线。

（6）Width（宽度）

该选项用来设置多段线的宽度值，选择该选项后，将出现如下提示：

Specify starting width：设置起点宽度。

Specify ending width：设置终点宽度。

图 2-5 所示为利用 Pline 命令绘制的图形。

图 2-4　多段线出现缺口　　　　图 2-5　利用 Pline 命令绘制的图形

2.1.4　Multiline（绘制多线）

绘制多线的命令是 Multiline（简捷命令 ML），用于绘制多条平移线段。启动 Multiline 命令后，命令行给出如下提示：

Current settings：Justification = Top，Scale = 20.00，Style = STANDARD

Specify start point or ［Justification/Scale/STyle］：要求用户确定多线的第一点。

选项中各项含义如下。

- Justification：选择偏移，包括三种偏移——零偏移、顶偏移和底偏移。
- Scale：设置绘制多线时采用的比例。
- Style：设置多线的类型。

2.1.5　Polygon（绘制正多边形）

绘制正多边形的命令是 Polygon（简捷命令 POL）。使用 Polygon 命令最多可以画出有 1024 条边的等边多边形。绘制正多边形有三种方法，下面逐一介绍。

1. 内接法画正多边形

假想有一个圆，要绘制的正多边形内接于其中，即正多边形的每一个顶点都落在这个圆周上，操作完毕后，圆本身并不绘制出来。这种绘制方法需提供正多边形的三个参数：边数；外接圆半径，即正多边形中心至每个顶点的距离；正多边形中心点。启动 Polygon 命令后，命令行出现如下提示：

Enter number of sides<当前值>：确定正多边形边数。

Specify center of polygon or ［Edge］：确定正多边形中心点。

Enter an option ［Inscribed in circle/Circumscribed about circle］<I>：选择外切或内接方式，I 为内接，C 为外切，内接方式为默认项，可直接按<Enter>键。

Specify radius of circle：确定外接圆的半径。

2. 外切法画正多边形

假想有一个圆，正多边形与之外切，即正多边形的各边均在假想圆之外，且各边与假想圆相切，这就是外切法绘制正多边形的原理。采用这一方式，需提供三个参数：正多边形边数、内切圆圆心和内切圆半径。假想圆的操作完毕后并未实际绘出。启动 Polygon 命令后，命令行出现如下提示：

Enter number of sides<当前值>：确定正多边形边数。

Specify center of polygon or ［Edge］：确定正多边形中心点。

Enter an option ［Inscribed in circle/Circumscribed about circle］<I>：输入 C 并按<Enter>键，确定用外切法画正多边形。

Specify radius of circle：确定内切圆的半径。

图 2-6 所示为用两种方法绘制的正多边形。

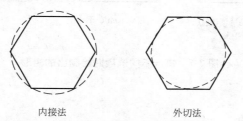

内接法　　　　　　　　　外切法

图 2-6　用内接法和外切法绘制的正多边形

3. 由边长确定正多边形

这种方法需提供两个参数：正多边形的边数和边长。如果需要绘制一个正多边形，使之一角通过某一点，则适合采用这种方式。一般情况下，如果正多边形的边长是已知的，用这种方式就非常方便。启动 Polygon 命令后，命令行出现如下提示：

Enter number of sides<当前值>：确定正多边形边数。

Specify center of polygon or ［Edge］：输入 E 并按<Enter>键，确定用边长来绘制正多边形。

Specify first endpoint of edge：确定一条边的一个端点。

Specify second endpoint of edge：确定该边的另一个端点。

2.1.6　Rectangle（绘制矩形）

绘制矩形命令是 Rectangle（简捷命令 REC）。启动 Rectangle 命令后，命令行给出如下提示：

Specify first corner point or ［Chamfer/Elevation/Fillet/Thickness/Width］：确定矩形第一个角点。

确定了第一个角点后，出现提示：

Specify other corner point or ［Area/Dimensions/Rotation］：确定另一个角点，绘出矩形。

现将其他选项说明如下：

- Chamfer：设定矩形四角为倒角及倒角大小。
- Elevation：确定矩形在三维空间内的基面高度。
- Fillet：设定矩形四角为圆角及半径大小。
- Thickness：设置矩形厚度，即 Z 轴方向的高度。
- Width：设置线条宽度。

用 Rectangle 命令画出的矩形，AutoCAD 把它当作一个实体，其四条边是一条复合线，不能单独分别编辑，若要使其各边成为单一直线进行分别编辑，需使用 Explode（炸开）命令。

图 2-7 所示为执行不同选项时绘制出的矩形。

执行Rectangle选项(默认)　　执行Chamfer选项　　　执行Fillet选项
绘制的矩形　　　　　　　绘制的矩形　　　　　绘制的矩形

图 2-7　执行不同选项时绘制出的矩形

2.2　绘制曲线对象

使用 AutoCAD 2021 可以创建各种各样的曲线对象，包括圆、圆弧、圆环和样条曲线。下面重点介绍这些曲线的绘制方法。

2.2.1　Circle（绘制圆）

圆是建筑工程图中另一种最常见的基本实体，可以用来表示轴圈编号、详图符号等。AutoCAD 2021 提供了六种绘制圆的方式，这些方式是根据圆心、半径、直径和圆上的点等参数来控制的。

绘制圆的命令是 Circle（简捷命令 C）。单击功能区"Home"→"Draw"→"Circle"命令按钮，弹出其子菜单，列出了绘制圆的六种方法，如图 2-8 所示。

1. Center，Radius（圆心和半径方式绘制圆）

这种方式要求用户输入圆心和半径。启动绘制圆命令后，命令行给出如下提示：

Specify center point for circle or ［3P/2P/Ttr（tan tan radius）］：确定圆心。

Specify radius of circle or ［Diameter］：确定圆的半径。

2. Center，Diameter（圆心和直径方式绘制圆）

这种方式要求用户输入圆心和直径。启动绘制圆命令后，命令行给出如下提示：

Specify center point for circle or［3P/2P/Ttr（tan tan radius）］：确定圆心。

Specify radius of circle or［Diameter］<默认值>：输入 D 并按<Enter>键，确定用圆心和直径方式绘制圆。

Specify diameter of circle<默认值>：确定圆的直径。

3. 2-Point（两点绘制圆）

该方式通过指定直径来确定圆的大小及位置，即要求指定直径上的两端点。启动绘制圆命令后，命令行给出如下提示：

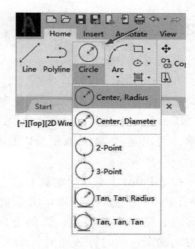

图 2-8　"Circle"子菜单

Specify center point for circle or［3P/2P/Ttr（tan tan radius）］：输入 2P，确定用两点方式绘制圆。

Specify first end point of circle's diameter：确定直径上的第一端点。

Specify second end point of circle's diameter：确定直径上的第二端点。

4. 3-Point（三点绘制圆）

三点绘制圆方式要求用户输入在圆周上的任意三个点。启动绘制圆命令后，命令行给出如下提示：

Specify center point for circle or［3P/2P/Ttr（tan tan radius）］：输入 3P，确定用三点方式绘制圆。

Specify first point on circle：确定圆周上的第一点。

Specify second point on circle：确定圆周上的第二点。

Specify third point on circle：确定圆周上的第三点。

5. Tan，Tan，Radius（切点、切点、半径方式绘制圆）

当需要绘制两个实体的公切圆时，可采用这种方式。该方式要求用户确定和公切圆相切的两个实体以及公切圆的半径大小。启动绘制圆命令后，命令行给出如下提示：

Specify center point for circle or［3P/2P/Ttr（tan tan radius）］：输入 TTR。

Specify point on object for first tangent of circle：选择第一目标实体。

Specify point on object for second tangent of circle：选择第二目标实体。

Specify radius of circle<当前值>：确定公切圆的半径。

6. Tan，Tan，Tan（切点、切点、切点方式绘制圆）

当需要画三个实体的公切圆时，可采用这种方式。该方式要求用户确定公切圆和这三个实体的相切点。启动绘制圆命令后，命令行给出如下提示：

Specify center point for circle or［3P/2P/Ttr（tan tan tan）］：输入_3P，确定用切点、切点、切点方式绘制圆。

Specify first point on circle：_tan to　选择第一目标实体。

Specify second point on circle：_tan to　选择第二目标实体。

Specify third point on circle：_tan to　选择第三目标实体。

2.2.2 Arc（绘制弧）

弧是图形中重要的实体，AutoCAD 提供了多种不同的绘制弧的方式，这些方式是根据起点、方向、中点、包角、终点、弦长等控制点来确定的。

绘制弧的命令是 Arc（简捷命令 A）。单击功能区 "Home"→"Draw"→"Arc" 命令按钮，弹出其子菜单，列出了绘制圆弧的 11 种方法，如图 2-9 所示。

1. 3-Point（三点绘制弧）

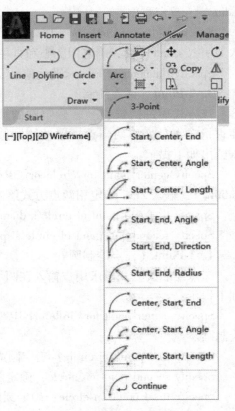

3-Point（三点绘制弧）方式要求用户输入弧的起点、第二点和终点，弧的方向以起点、终点的方向确定，顺时针或逆时针均可。输入终点时，可采用拖动方式将弧拖至所需的位置。启动 Arc 命令后，命令行给出如下提示：

Specify start point of arc or［Center］：确定第一点。

Specify second point of arc or［Center/End］：确定第二点。

Specify end point of arc：确定终点。

2. Start，Center，End（用起点、中心点、终点方式绘制弧）

当已知弧的起点、中心点和终点时，可选择这一绘制弧的方式。给出弧的起点和中心点之后，弧的半径就可确定。终点只决定弧的长度，弧不一定通过终点，终点和中心点的连线是弧长的截止点。输入起点和中心点后，中心点至光标的连线将动态拖动弧以达到合适位置。启动 Arc 命令后，命令行给出如下提示：

图 2-9 "Arc" 子菜单

Specify start point of arc or［Center］：确定起点。

Specify second point of arc or［Center/End］：输入 C 并按<Enter>键。

Specify center point of arc：确定弧的中心点。

Specify end point of arc（hold Ctrl to switch direction）or［Angle/chord Length］：确定弧的终点。

3. Start，Center，Angle（用起点、中心点、包角方式绘制弧）

这种方式要求用户输入起点、中心点及其所对应的圆心角。启动 Arc 命令后，命令行给出如下提示：

Specify start point of arc or ［Center］：确定起点。

Specify second point of arc or ［Center/End］：输入 C 并按<Enter>键。

Specify center point of arc：确定弧的中心点。

Specify end point of arc（hold Ctrl to switch direction）or ［Angle/chord Length］：输入 A

并按<Enter>键。

Specify included angle（hold Ctrl to switch direction）：确定包角。

4. Start，Center，Length（起点、中心点、弦长方式绘制弧）

该方式中，Length 指弧所对应的弦长，弦是连接弧上两点的线段。沿逆时针方向绘制弧时，若弦长为正，则得到与弦长相应的最小的弧，反之，则得到最大的弧。启动 Arc 命令后，命令行给出如下提示：

Specify start point of arc or［Center］：确定起点。

Specify second point of arc or［Center/End］：输入 C 并按<Enter>键。

Specify center point of arc：确定弧的中心点。

Specify end point of arc（hold Ctrl to switch direction）or［Angle/chord Length］：输入 L 并按<Enter>键。

Specify length of chord（hold Ctrl to switch direction）：确定弦长。

5. Start，End，Angle（用起点、终点、包角方式绘制弧）

此方式用户需输入弧的起点、终点和包角以确定弧的形状及大小。启动 Arc 命令后，命令行给出如下提示：

Specify start point of arc or［Center］：确定起点。

Specify second point of arc or［Center/End］：输入 E 并按<Enter>键。

Specify end point of arc：确定终点。

Specify center point of arc（hold Ctrl to switch direction）or［Angle/Direction/Radius］：输入 A 并按<Enter>键。

Specify included angle（hold Ctrl to switch direction）：确定包角。

6. Start，End，Direction（用起点、终点、方向方式绘制弧）

该方式中，方向（Direction）指弧的切线方向，该方向用角度表示。弧的大小由起点、终点之间的距离及弧度所决定。弧的起始方向与给出的方向相切。启动 Arc 命令后，命令行给出如下提示：

Specify start point of arc or［Center］：确定起点。

Specify second point of arc or［Center/End］：输入 E 并按<Enter>键。

Specify end point of arc：确定终点。

Specify center point of arc（hold Ctrl to switch direction）or［Angle/Direction/Radius］：输入 D 并按<Enter>键。

Specify tangent direction for the start point of arc（hold Ctrl to switch direction）：确定点的开始方向半径。

7. Start，End，Radius（用起点、终点、半径方式绘制弧）

用起点、终点、半径方式绘制弧时，用户只能沿逆时针方向绘制弧。若半径值为正，则得到起点和终点之间的短弧；反之，则得到长弧。启动 Arc 命令后，命令行给出如下提示：

Specify start point of arc or［Center］：确定起点。

Specify second point of arc or［Center/End］：输入 E 并按<Enter>键。

Specify end point of arc：确定终点。

Specify center point of arc（hold Ctrl to switch direction）or［Angle/Direction/Radius］：输入 R 并按<Enter>键。

Specify radius of arc（hold Ctrl to switch direction）：确定弧的半径。

8. 绘制弧的其他方式

除了以上所介绍的 7 种绘制弧的方式外，还有下面 4 种方式也可绘制弧。

- CSE（用中心点、起点、终点绘制弧）
- CSA（用中心点、起点、包角绘制弧）
- CSL（用中心点、起点、弦长绘制弧）
- Continue（从一段已有的弧开始继续绘制弧）

2.2.3 Donut（绘制圆环）

绘制圆环的命令是 Donut（简捷命令 DO）。绘制圆环时，用户只需指定内径和外径，便可连续点取圆心绘出多个圆环。

启动 Donut 命令后，命令行出现如下提示：

Specify inside diameter of donut<当前值>：指定一个内径。

Specify outside diameter of donut<当前值>：指定一个外径。

Specify center of donut or<exit>：输入坐标或单击以确定圆环的中心。

Specify center of donut or<exit>：给出下一个圆环的中心，或按<Enter>键结束该命令。

最后绘出的圆环，两圆之间的部分是填实的，如图 2-10a 所示。

将圆环内径设为 0，可给出一个实心圆，如图 2-10b 所示。

AutoCAD 规定系统变量 FILLMODE = 0 时，圆环为空心，如图 2-10c 所示；当 FILLMODE = 1 时，圆环为实心。

 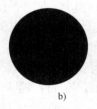 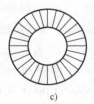

a)　　　　　　　　　　　　　b)　　　　　　　　　　　　　c)

图 2-10　绘制不同形式圆环

2.2.4 Spline（绘制样条曲线）

绘制样条曲线的命令是 Spline（简捷命令 SPL），可以用来绘制二维或三维样条曲线。

启动 Spline 命令后，命令行给出如下提示：

Specify first point or［Method/Knots/Object］：指定第一点。

Enter next point or［start Tangency/tolerance］：指定下一点或选择其他选项。

Enter next point or［end Tangency/tolerance/Undo］：指定下一点或选择其他选项。

按<Enter>键后继续出现下列提示：

Enter next point or［end Tangency/tolerance/Undo/Close］：按<Enter>键结束命令或继续指定下一点或选择其他选项。

下面介绍各选项的含义。

- start Tangency（起点切向）：指定在样条曲线起始点处的切线方向。
- end Tangency（终点切向）：指定在样条曲线终点处的切线方向。
- Undo（取消）：取消上一步操作。
- Close（闭合）：生成一条闭合的样条曲线。

若选取［Method］选项，命令行提示：

Enter spline creation method［Fit/CV］<Fit>：输入样条曲线创建方式。

- Fit（拟合）：输入曲线的偏差值。值越大，曲线越远离指定的点；值越小，曲线越靠近指定的点。
- CV（控制点）：通过指定控制点来创建样条曲线。使用此方法创建 1 阶（线性）、2 阶（二次）、3 阶（三次）直到最高为 10 阶的样条曲线。通过移动控制点调整样条曲线的形状通常可以提供比移动拟合点更好的效果。

若选取［Object］选项，命令行提示：

Select spline-fit polyline：选择一条由 Pedit 命令中的 Spline 选项处理过的多义线。

否则，命令行提示：

Only spline fitted polylines can be converted to splines，Unable to convert the selected object。

图 2-11 所示为用样条曲线绘制建筑工程图中的木材图例。

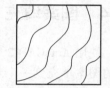

图 2-11　建筑工程图中的木材图例

2.3　查询图形属性

AutoCAD 2021 中，查询对象是使用查询工具查询图形的基本属性，例如点坐标、距离及面积等。本节主要讲述查询两点间距离以及围成区域的图形面积。

2.3.1　Dist（查询距离）

查询距离的命令是 Dist（简捷命令 DI），可以查询两点间的直线距离，以及该直线与 X 轴的夹角。启动 Dist 命令后，命令行提示如下：

Specify first point：选择第一点。

Specify second point or［Multiple Points］：选择第二点。此时，命令行将显示如下信息：

Distance＝＊＊＊，Angle in XY Plane＝＊＊＊，Angle from XY Plane＝0

Delta X＝＊＊＊，Delta Y＝＊＊＊，Delta Z＝＊＊＊（＊＊＊表示各相应的数据）

现将各个选项的含义介绍如下。

- Distance：两点之间的距离。
- Angle in XY Plane：两点之间的连线与 X 轴正方向的夹角。
- Angle from XY Plane：该直线与 XY 平面的夹角。
- Delta X：两点在 X 轴方向的坐标值之差。
- Delta Y：两点在 Y 轴方向的坐标值之差。
- Delta Z：两点在 Z 轴方向的坐标值之差。

2.3.2　Area（查询面积）

查询面积的命令是 Area，可以查询由若干点所确定区域（或由指定实体所围成区域）的面积和周长，还可对面积进行加减运算。

启动 Area 命令后，命令行提示如下：

Specify first corner point or ［Object/Add area/Subtract area］<Object>：选择第一角点。

AutoCAD 将根据各点连线所围成的封闭区域来计算其面积和周长。

现将其他选项的含义介绍如下：

- Object：该选项允许用户查询由指定实体所围成区域的面积。
- Add area：面积加法运算，即将新选图形实体的面积加入总面积中。
- Subtract area：面积减法运算，即将新选图形实体的面积从总面积中减去。

2.4　图案填充

使用 AutoCAD 2021 绘图的过程中，经常要使用图案填充命令。图案填充是指将某种特定的图案填充到一个封闭的区域内。

2.4.1　创建图案填充

图案填充的命令是 Bhatch（简捷命令 BH 或 H）。启动 Bhatch 命令后，系统将自动打开"Hatch Creation"选项卡，如图 2-12 所示。用户可以直接在该选项卡中设置图案填充的边界、图案、特性以及其他属性。

图 2-12　"Hatch Creation"选项卡

2.4.2　使用"Hatch Creation"选项卡

打开"Hatch Creation"选项卡，可以根据作图需要，设置相关参数完成图案填充操作。各面板介绍如下。

1. Boundaries 边界面板

（1）Pick Points

单击"Pick Points"按钮，可根据围绕指定点构成封闭区域的现有对象来确定边界。执行 Bhatch 命令后，命令行提示如下：

Pick internal point or ［Select objects/Undo/settings］：

其中命令行各选项含义介绍如下：

- Pick internal point：该选项为默认选项，在填充区域内部单击即可对图形进行图案填充。
- Select objects：单击选择图形对象进行图案填充。
- Undo：可放弃上一步的操作。

- settings：将打开"Hatch and Gradient"图案填充和渐变色对话框进行参数设置，如图 2-13 所示。

（2）Select

单击"Select"按钮，根据构成封闭区域的选定对象确定边界。使用该按钮时，图案填充命令不自动检测内部对象。必须选定所选定边界内的对象，以按照当前孤岛检测样式填充这些对象。每次选择对象后，图案填充命令将清除上一选择集。

（3）Remove

单击"Remove"按钮，可以从边界定义中删除之前添加的任何对象。

（4）Recreate

单击"Recreate"按钮，可围绕选定的图案填充或填充对象创建多义线或面域，并使其与图案填充对象相关联。

2. Pattern 图案面板

该面板用于显示所有预定义和自定义图案的预览对象。用户可以打开下拉列表，选择图案的类型，如图 2-14 所示。

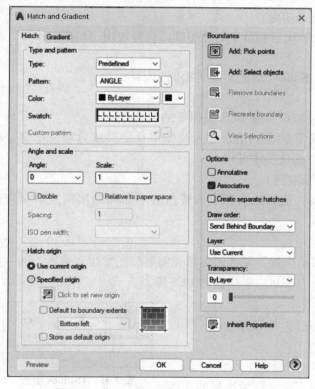

图 2-13　"Hatch and Gradient"对话框

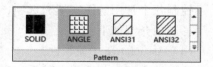

图 2-14　Pattern 面板

3. Properties 特性面板

执行图案填充的第一步就是定义填充图案类型。在该面板中，用户可以根据需要设置填充方式、填充色彩、填充透明度、填充角度以及填充比例等功能，如图 2-15 所示。

其中，常用选项的功能如下所示。

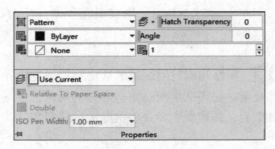

图 2-15　Properties 面板

（1）Hatch Type（图案填充类型）

指定是创建预定义的填充图案、用户定义的填充图案，还是自定义的填充图案。

（2）Hatch Color（图案填充颜色）

使用填充图案和实体填充的指定颜色替代当前颜色。

（3）Background Color（背景色）

为新图案填充对象指定背景色。选择"None"可关闭背景色。

（4）Hatch Transparency（图案填充透明度）

设定新图案填充或填充的透明度，替代当前对象的透明度。选择使用"Use Current"可使用当前透明度的设置。

（5）Hatch Angle and Hatch Pattern Scale（填充角度与比例）

指定选定填充图案的角度和比例。

Hatch Angle 指定填充图案的角度（相对当前 UCS 坐标系的 X 轴）。

Hatch Pattern Scale 用于确定填充图案的比例值，放大或缩小预定义或自定义图案。只有将"Hatch Type"设定为"Pattern"，此选项才可用。

（6）Scale to Paper Space（相对图纸空间）

相对于图纸空间单位缩放填充图案，使用此选项可以按适合于布局的比例显示填充图案。该选项仅适用于布局。

4. Origin 原点面板

该面板用于控制填充图案生成的起始位置。某些图案填充需要与图案填充边界上的一点对齐。默认情况下，所有图案填充的原点都对应于当前的 UCS 原点。

5. Options 选项面板

控制几个常用的图案填充选项，如图 2-16 所示。

各选项介绍如下：

（1）Associative（关联性）

确定填充图案与边界的关系。当用于定义区域边界的实体发生移动或修改时，该区域内的填充图案将自动更新，重新填充新的边界。

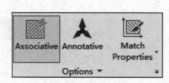

图 2-16　Options 面板

（2）Annotative（注释性）

指定图案填充为注释性。此特性会自动完成缩放注释过程，从而使注释能够以正确的大小在图纸上打印或显示。

（3）Match Properties（特性匹配）

用户可选用图中已有的填充图案作为当前的填充图案，相当于格式刷。

单击 Options 面板右下角箭头，可以打开如图 2-13 所示的"Hatch and Gradient"对话框，在该对话框中，用户可以控制几个常用的图案填充或填充选项，如选择是否自动更新图案、自动视口大小调整填充比例值，以及填充图案属性设置等。在该对话框中，用户可以修改图案、比例、旋转角度和关联性等。

2.5　块的操作

建筑制图中，经常会遇到一些需要反复使用的图形，如门窗、标高符号等，这些图例在 AutoCAD 中都可以由用户自己定义为图块，即以一个缩放图形文件的方式保存起来，以达到重复使用的目的。图块是用一个图块名命名的一组图形实体的总称。AutoCAD 总是把图块作为一个单独的、完整的对象来操作。用户可以根据实际需要将图块按给定的缩放系统和旋转角度插入到指定的任一位置，也可以对整个图块进行复制、移动、旋转、比例缩放、镜像、删除和阵列等操作。

2.5.1　Block（定义图块）

要定义一个图块，首先要绘制组成图块的实体，然后用 Block 命令（或 BMake 命令，简捷命令 B）来定义图块的插入点，并选择构成图块的实体。

启动 Block（或 BMake）命令后，弹出"Block Definition"对话框，如图 2-17 所示。

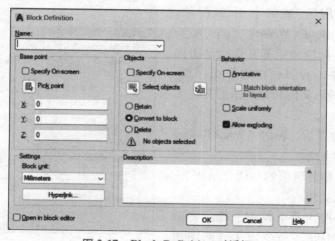

图 2-17　Block Definition 对话框

现将该对话框中各项的功能分别介绍如下：

（1）Name 文本框

要求用户在该文本框中输入图块名。

（2）Base point 选项组

确定插入点位置。单击"Pick point"按钮，将返回作图屏幕选择插入基点。

（3）Objects 选项组

选择构成图块的实体及控制实体显示方式。

● Retain 单选按钮：表明在用户创建完图块后，将继续保留这些构成图块的实体，并把它们当作一个个普通的单独实体来对待。

● Convert to block 单选按钮：表明当用户创建完图块后，将自动把这些构成图块的实体转化为一个图块。

● Delete 单选按钮：表明当用户创建完图块后，将删除所有构成图块的实体目标。

（4）Settings 选项组

用户设置从 AutoCAD 设计中心（Design Center）拖曳该图块时的插入比例单位，并且可以在 Description 列表框中输入与所定义图块有关的描述性说明文字。

（5）Behavior 选项组

● Annotative 复选框：指定块为注释性对象。

● Scale uniformly 复选框：是否按统一比例进行缩放。

● Allow exploding 复选框：指定块是否可以被分解。

2.5.2　Wblock（图块存盘）

内部图块是跟随定义它的图形文件一起保存的，存储在图形文件内部，因此只能在当前图形文件中调用，而不能在其他图形中使用。用 Block 命令（或 BMake 命令）来定义图块就属于内部图块。

为了使图块成为公共图块（可供其他图形文件插入和引用），或者叫外部图块，AutoCAD 2021 提供了 Wblock（即 Write Block，图块存盘，简捷命令 W）命令，将图块单独以图形文件（＊.dwg）的形式存盘。用 Wblock 定义的图形文件和其他图形文件无任何区别。

启动 Wblock 命令后，弹出"Write Block"对话框，如图 2-18 所示。

现将该对话框中各选项的功能介绍如下：

（1）Source 选项组

● Block 单选按钮及下拉列表框：将把已用 Block（或 BMake）命令定义过的图块进行图块存盘操作。此时，可以从 Block 下拉列表框中选择所需的图块。

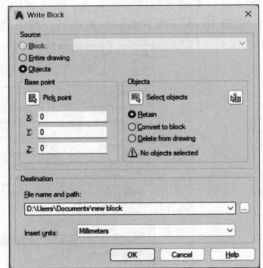

图 2-18　"Write Block"对话框

● Entire drawing 单选按钮：将对整个当前图形文件进行图块存盘操作，把当前图形文件当作一个独立的图块来看待。

● Objects 单选按钮：把选择的实体目标直接定义为图块并进行图块存盘操作。

（2）Base point 选项组

确定图块的插入点。

（3）Objects 选项组

选择构成图块的实体目标。

（4）Destination 选项组

设置图块存盘后的文件名、路径以及插入比例单位等。

- File name and path 文本框：用户可在该文本框内设置图块存盘后的文件名。默认的文件名为 new block.dwg。用户也可直接单击 按钮，AutoCAD 2021 将弹出 "Browse for Drawing File" 对话框，如图 2-19 所示，也可在该对话框中设置图块存盘路径。

- Insert Units 下拉列表框：设置该图块存盘文件插入单位。

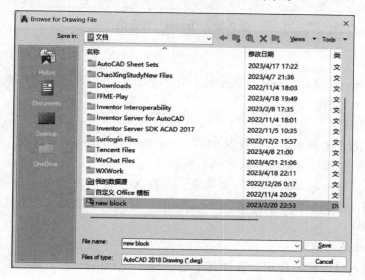

图 2-19　"Browse for Drawing File" 对话框

2.5.3　插入图块

图块的重复使用是通过插入图块的方式实现的。所谓插入图块，就是将已经定义的图块插入到当前的图形文件中。在插入图块（或文件）时，用户必须确定 4 组特征参数，即要插入的图块名、插入点位置、插入比例系数和图块的旋转角度。

1. 利用 Insert 命令插入图块

在命令行输入 "classicinsert" 并按<Enter>键，即可执行插入图块命令。

启动 classicinsert 命令后，弹出 "Insert" 对话框，如图 2-20 所示。

该对话框中各项的功能如下：

（1）Name 下拉列表框

输入或选择所需要插入的内部图块或文件名。

（2）Browse 按钮

单击此按钮即可打开对话框，选择需要插入的外部图块名或文件名。

（3）Insertion point 选项组

确定图块的插入点位置。选择其中的 "Specify On-screen" 复选框，表示用户将在绘图

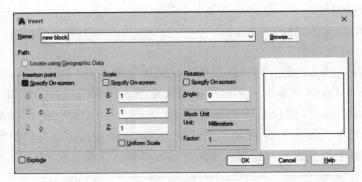

图 2-20 "Insert" 对话框

区内确定插入点。

如不选择"Specify On-screen"复选框，用户可在 X、Y、Z 三个文本框中输入插入点的坐标值。

（4）Scale 选项组

确定图块的插入比例系数。选择其中的"Specify On-screen"复选框，表示将在命令行中直接输入 X、Y 和 Z 轴方向的插入比例系数值。

如果不选择"Specify On-screen"复选框，可在 X、Y、Z 三个文本框中分别输入 X、Y 和 Z 轴方向的插入比例系数。选择"Uniform Scale"复选框，表示 X、Y 和 Z 轴三个方向的插入比例系数相同。

（5）Rotation 选项组

确定图块插入时的旋转角度。选择其中的"Specify On-screen"复选框，表示用户将在命令行中直接输入图块的旋转角度。

如不选择"Specify On-screen"复选框，用户可在"Angle"文本框中输入具体的数值以确定图块插入时的旋转角度。

（6）Explode 复选框

选择此复选框，表示在插入图块的同时，将把该图块炸开，使其各自成为单独的图形实体，否则插入后的图块将作为一个整体。

2. 利用 MInsert 命令插入图块

MInsert 命令实际上是综合 Insert 和 Array 的操作特点而进行多个图块的阵列插入工作。运用 MInsert 命令不仅可以大大节省时间，提高绘图效率，而且还可以减少图形文件所占用的磁盘空间。

可以在命令行输入"MInsert"并按<Enter>键来执行该命令。启动 MInsert 命令后，命令行给出如下提示：

Enter block name or［?］：确定要插入的图块名或输入问号来查询已定义的图块信息。

Specify insertion point or［Basepoint/Scale/X/Y/Z/Rotate］：确定插入点位置或选择某一选项。可用十字光标确定一插入点。

Enter X scale factor, specify opposite corner or［Corner/XYZ］<1>：确定 X 轴方向的比例系数。

Enter Y scale factor<use X scale factor>：确定 Y 轴方向的比例系数。

Specify rotation angle<0>：确定旋转角度。

Enter number of rows（---)<1>：确定矩形阵列的行数。

Enter number of columns<|||><1>：确定矩形阵列的列数。

Enter distance between rows or specify unit cell（---)：确定行间距。

Specify distance between columns（|||)：确定列间距。

2.6　基本编辑命令

编辑是指对图形进行修改、移动、复制以及删除等操作。AutoCAD 提供了丰富的图形编辑功能，利用它们可以提高绘图的效率与质量。

2.6.1　Undo（取消）

绘图过程中，执行错误操作是难以避免的，AutoCAD 允许使用 Undo（简捷命令 U）来取消这些错误操作。

只要没有执行 Quit、Save 或 End 命令结束或保存图形，进入 AutoCAD 后的全部绘图操作都存储在缓冲区中，使用 Undo 命令可以逐步取消本次进入绘图状态后的操作，直至初始状态。这样用户可以一步一步地找出错误所在，重新进行编辑修改。

2.6.2　Erase（删除）

删除图形的命令是 Erase（简捷命令 E）。

启动 Erase 命令后，命令行给出"Select objects："提示，提示用户选择需要删除的实体。

在"Select objects："提示下，可选择实体进行删除。可以使用 Crossing 或 Window 方式来选择要删除的实体。

在不执行任何命令的状态下，分别单击选中所要删除的实体，用键盘上的<Delete>键也可删除实体。

使用 Erase 命令，有时很可能会误删除一些有用的图形实体。如果在删除实体后，立即发现操作失误，可用 OOPS 命令来恢复删除的实体。操作方法为，在命令行直接输入"OOPS"。

2.6.3　Copy（复制）

复制图形的命令是 Copy（简捷命令 CO 或 CP）。在 AutoCAD 2021 中，启动 Copy 命令后，命令行提示：

Select objects：选择所要复制的实体目标。

Specify base point or［Displacement/mode］<Displacement>：确定复制操作的基准点位置（Base Point）。这时可借助目标捕捉功能或十字光标确定基点位置。

Specify second point or［Array]<use first point as displacement>：确定复制目标的终点位置。终点位置通常可借助目标捕捉功能或相对坐标（即相对基点的终点坐标）来确定。确定一个终点位置之后，命令行还会反复出现以下提示：

Specify second point or ［Array/Exit/Undo］<Exit>：要求用户确定另一个终点位置，直至用户按<Enter>键结束命令。

其中，命令行中部分选项含义如下：

- Displacement：确定复制的位移量。
- mode：确定复制的模式是单个复制还是多个复制。
- Array：可输入阵列的项目数，复制多个图形对象。

2.6.4　Mirror（镜像）

在实际绘图过程中，经常会遇到一些对称的图形。AutoCAD 提供了图形镜像（Mirror）功能，即只需绘制出相对称图形的一部分，利用 Mirror（简捷命令 MI）就可将对称的另一部分镜像复制出来。

启动 Mirror 命令后，命令行提示：

Select objects：选择需要镜像的实体。

Specify first point of mirror line：确定镜像线的起点位置。

Specify second point of mirror line：确定镜像线的终点位置（确定了起点和终点，镜像线也就确定下来了，系统将以该镜像线为轴镜像另一部分图形）。

Erase source objects?［Yes/No］<N>：确定是否删除原来所选择的实体。AutoCAD 2021 的默认选项为 N。

图 2-21 所示为通过镜像绘出的图形。

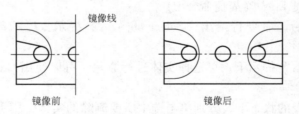

图 2-21　通过镜像绘出的图形

2.6.5　Array（阵列）

利用阵列命令，可以用环形或矩形阵列的方式复制图形。在命令行输入 Array（简捷命令 AR）并按<Enter>键，即可执行阵列命令。

启动 Array 命令后，命令行出现如下提示：

Select objects：选择要阵列的对象。

Enter array type［Rectangular/Path/Polar］<Rectangular>：输入确定阵列类型。阵列图形的方式包含矩形阵列、路径阵列和环形阵列三种方式。

其中，各选项含义介绍如下：

- Rectangular：将选定对象的副本分布到行数、列数和层数的任意组合。
- Path：沿路径或部分路径均匀分布选定对象的副本。

- Polar：在绕中心点或旋转轴的环形阵列中均匀分布对象副本。

此时工作界面上即可打开"Array"选项卡，如图 2-22 所示。

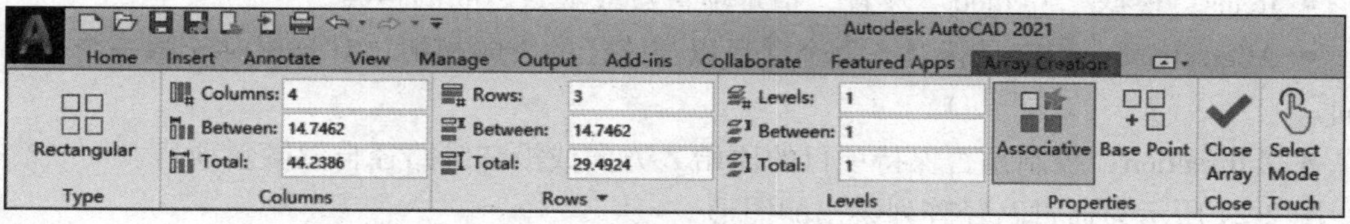

图 2-22　"Array"选项卡

1. Rectangular 矩形阵列

执行 Rectangular 矩形阵列后，系统将自动对图形生成 3 行 4 列的矩形阵列，命令行提示内容如下：

Select grip to edit array or ［Associative/Base point/Count/Spacing/Columns/Rows/Levels/exit］< exit>：通过选择夹点以编辑阵列，也可以分别选择各选项输入数值。

其中，命令行部分选项含义介绍如下：

- Associative：指定阵列中的对象是关联的还是独立的。
- Base point：定义阵列基点和基点夹点位置。其中"centroid"指定用于在阵列中放置项目的基点；"Key point"是对于关联阵列，在源对象上指定有效的约束（或关键点）已与路径对齐。
- Count：指定行数和列数并使用户在移动光标时可以观察动态结果。其中"Expression"是基于数学公式或方程式导出值。
- Spacing：指定行间距和列间距并使用户在移动光标时可以观察动态结果。行间距是指定从每个对象的相同位置测量的每行之间的距离。列间距是指定从每个对象的相同位置测量的每列之间的距离。"Unit cell"是通过设置等同于间距的矩形区域的每个角点来同时指定行间距和列间距。
- Columns：指定阵列中的列数和列间距。"Total"用于指定从开始和结束对象上的相同位置测量的起点和终点列之间的总距离。
- Rows：指定阵列中的行数和行间距。
- Levels：指定三维阵列的层数和层间距。

图 2-23 所示为通过矩形阵列绘出的图形。

2. Path 路径阵列

执行 Path 选项后，命令行提示内容如下：

Select path curve：选择一条曲线作为阵列路径。

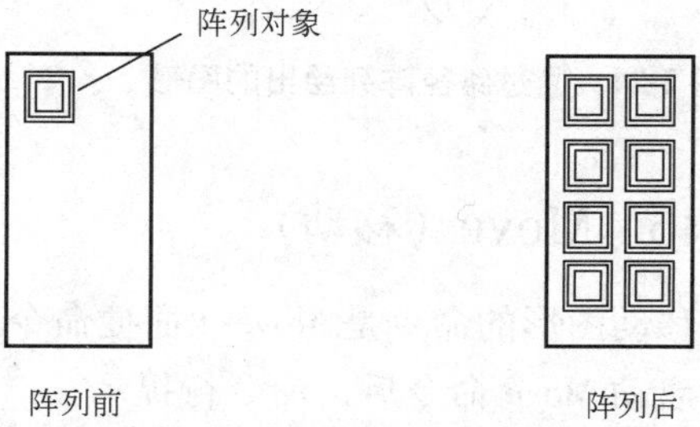

图 2-23　通过矩形阵列绘出的图形

Select grip to edit array or ［Associative/Method/Base point/Tangent direction/Items/Rows/Levels/Align items/Z direction/exit］<exit>：通过选择夹点以编辑阵列，也可以分别选择各选项输入数值。

其中，命令行部分选项含义介绍如下：

- Method：控制如何沿路经分布项目。"Divide"是将指定数量的项目沿路径的长度均匀分布。"Measure"是以指定的间距沿路径分布项目。

- Tangent direction：指定阵列中的项目如何相对于路径的起始方向对齐。
- Items：根据"Method"设置，指定项目数或项目之间的距离。
- Align items：指定是否对齐每个项目以与路径的方向相切。对齐相对于第一个项目的方向。
- Z direction：控制是否保持项目的原始 Z 方向或沿三维路径自然倾斜项目。

图 2-24 所示为通过路径阵列绘出的图形。

3. Polar 环形阵列

执行 Polar 选项后，命令行提示内容如下：

Specify center point of array or［Base point/Axis of rotation］：指定阵列的中心点或选择其他选项（基点或旋转轴）。

Select grip to edit array or［ASsociative/Base point/Items/Angle between/Fill angle/Rows/Levels/Rotate items/exit］<exit>：通过选择夹点以编辑阵列，也可以分别选择各选项输入数值。

其中，命令行部分选项含义介绍如下：

- Items：使用值或表达式指定阵列中的项目数。
- Angle between：使用值或表达式指定项目之间的角度。
- Fill angle：使用值或表达式指定阵列中第一个和最后一个项目之间的角度。
- Rotate items：控制在阵列项目时是否旋转项目。

图 2-25 所示为通过环形阵列绘出的图形。

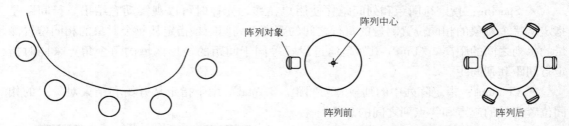

图 2-24　通过路径阵列绘出的图形　　图 2-25　通过环形阵列绘出的图形

2.6.6　Move（移动）

移动图形的命令是 Move（简捷命令 M）。

启动 Move 命令后，命令行提示：

Select objects：选择要移动的实体。

Specify base point or［Dsplacement］<displacement>：确定移动基点，可以通过目标捕捉选择一些特征点。

Specify second point or<use first point as displacement>：确定移动终点。这时可以输入相对坐标或通过目标捕捉来准确定位终点位置。

图 2-26 所示为将圆从 A 点移至 D 点。

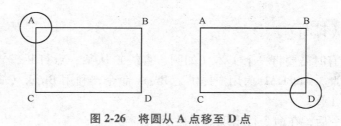

图 2-26　将圆从 A 点移至 D 点

2.6.7　Rotate（旋转）

旋转图形的命令是 Rotate（简捷命令 RO）。

启动 Rotate 命令后，命令行提示：

Select objects：选择要进行旋转操作的实体目标。

Specify base point：确定旋转基点。

Specify rotation angle or［Copy/Reference］：确定绝对旋转角度。

旋转角度有正、负之分，如果输入角度为正值，实体将沿着逆时针方向旋转；反之，则沿着顺时针方向旋转，如图 2-27 所示。

图 2-27　旋转图形

2.6.8　Scale（按比例缩放）

按比例缩放图形的命令是 Scale（简捷命令 SC）。

启动 Scale 命令后，命令行提示：

Select objects：选择要进行比例缩放的实体。

Specify base point：确定缩放基点。

Specify scale factor or［Copy/Reference］：确定比例系数。

当不知道实体究竟要放大（或缩小）多少倍时，可以采用相对比例方式来缩放实体。该方式要求用户分别确定比例缩放前后的参考长度（Reference length）和新长度（New length）。新长度和参考长度的比值就是比例缩放系数，因此称该系数为相对比例系数。

要选择相对比例系数方式，在"Specify scale factor or［Copy/Reference］："提示下输入 R 并按<Enter>键即可。命令行将给出如下提示：

Specify reference length<1.0000>：确定参考长度。可以直接输入一个长度值，也可以通过两个点确定一个长度。

Specify new length or［Points］<1.0000>：确定新长度。可直接输入一个长度值，也可确定一个点，该点和缩放基点连线的长度就是新长度。

图 2-28 所示为执行 Scale 命令前后的图形对照。

原图　　　　　　缩放 0.5 倍后

图 2-28　执行 Scale 命令前后的图形

2.6.9 Break（打断）

绘图过程中，有时需要将一个实体（如圆、直线）从某一点打断，甚至需要删掉该实体的某一部分。为此，AutoCAD 为用户提供了 Break 命令，利用 Break（简捷命令 BR），可以方便地进行这些工作。

启动 Break 命令后，在命令行出现如下提示：

Select objects：选择要打断的实体。

Specify second break point or［First point］：选择要删除部分的第二点。若选择该方式，则上一操作中选取实体的点便作为第一点。

删除部分实体的第二种方式是：选择实体后，重新输入删除部分的起点和终点。命令行提示如下：

Specify second break point or［First point］：输入 F 并按<Enter>键。

Specify first break point：选取起点。

Specify second break point：选取终点。

使用 Break 命令，可以方便地删除实体中的一部分，如图 2-29 所示。

图 2-29　使用 Break 命令删除实体中的一部分

2.6.10 Trim（修剪）

AutoCAD 提供了 Trim 命令，可以方便快速地对图形实体进行修剪。Trim（简捷命令 TR）要求用户首先定义一个剪切边界，然后再用此边界剪去实体的一部分。

启动 Trim 后，命令行出现如下提示：

Select objects or<select all>：选择实体作为剪切边界。可连续选多个实体作为边界，选择完毕后按<Enter>键确认。

Select object to trim or shift-select to extend or［Fence/Crossing/Project/Edge/Erase/Undo］：选取要剪切实体的被剪切部分，将其剪掉。按<Enter>键即可退出命令。

其他六个选项的含义介绍如下：

- Fence 项：以绘制直线的方式来剪切对象。
- Crossing 项：以框选的方式来剪切对象。
- Project 项：3D 编辑中进行实体剪切的不同投影方法选择。
- Edge 项：设置剪切边界属性。选择该选项将出现如下提示：

Enter an implied edge extension mode［Extend/No extend］<No extend>：选择 Extend 选项，剪切边界可以无限延长，边界与被剪切实体不必相交。选择 No extend 选项，剪切边界只有与被剪切实体相交时才有效。

- Erase 项：删除要剪切的对象。

- Undo 项：取消所作的剪切。

图 2-30 为剪切前后图形对照。

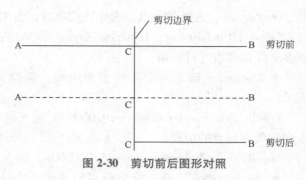

图 2-30　剪切前后图形对照

2.6.11　Extend（延伸）

Extend（简捷命令 EX）用于将指定的图形对象延伸到指定边界。在进行延伸操作时，首先要确定一个边界，然后选择要延伸到该边界的线。

启动 Extend 命令后，命令行提示：

Select objects or<select all>：选择作为边界的实体目标。这些实体可以是弧、圆、多义线、直线、椭圆和椭圆弧。

Select object to extend or shift-select to trim or［Fence/Crossing/Project/Edge/Undo］：选择要延伸的实体。在 AutoCAD 中，可以延伸直线、多义线和弧这三类实体。一次只能延伸一个实体。

其他五个选项的含义如下：

- Fence 项：以绘制直线的方式来延伸对象。
- Crossing 项：以框选的方式来延伸对象。
- Project 项：选择该选项，命令行提示如下：

Enter a projection option［None/Ucs/View]<Ucs>：确定延伸三维实体对象时的投影方法。

- Edge 项：选择该选项，命令行提示如下：

Enter an implied edge extension mode［Extend/No extend]<No extend>：确定延伸实体目标时是否一定和边界相交。

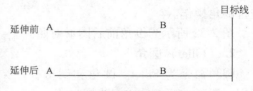

图 2-31　延伸前后图形对照

- Undo 项：可以取消上次的延伸误操作。

图 2-31 所示为延伸前后图形对照。

2.6.12　Chamfer and Fillet（倒角和圆角）

建筑工程制图中常用倒角和圆角命令，倒角是将相邻的两条直角边进行倒角，而圆角则是通过指定的半径圆弧来进行倒角。Chamfer（简捷命令 CHA）和 Fillet（简捷命令 F）可以分别完成这两类操作。

1. Chamfer（倒角）

启动 Chamfer 命令后，命令行出现如下提示：

Select first line or［Undo/Polyline/Distance/Angle/Trim/Method/Multiple］：选择要进行倒角的第一实体。

Select second line or shift-select to apply corner or［Distance/Angle/Method］：选择第二个实体目标。

该提示中的其他选项含义如下：

- Undo：取消上一次的倒角误操作。

- Polyine：选择多义线。选择该选项后，将出现如下提示：

Select 2D polyline or ［Distance/Angle/Method］：选择二维多义线。选择完毕后，即可将该多义线相邻边进行倒角。

- Distance：确定两个新的倒角距离。选择该选项后，命令行将给出以下两个操作提示：

Specify first chamfer distance<0.0000>：输入第一个实体上的倒角距离，即从两实体的交点到倒角线起点的距离。

Specify second chamfer distance<0.0000>：输入第二个实体上的倒角距离。

- Angle：确定第一个倒角距离和角度。选择该选项后，命令行将给出以下两个操作提示：

Specify chamfer length on the first line<0.0000>：确定第一个倒角距离。

Specify chamfer angle from the first line<0>：确定倒角线相对于第一个实体的角度，而倒角线是以该角度为方向延伸至第二个实体并与之相交的。

- Trim：确定倒角的修剪状态。选择该选项后，将出现下列提示：

Enter Trim mode option ［Trim/No trim］<Trim>：Trim 表示修剪倒角，No trim 则不修剪倒角。

- Method：确定进行倒角的方式。选择该选项后，将出现以下提示：

Enter trim method ［Distance/Angle］<Angle>：选择 D 或 A 这两种倒角方法之一。上次使用的倒角方式将作为本次倒角操作的默认方式。

- Multiple：在不结束命令的情况下对多个对象进行倒角操作。

图 2-32 所示为倒角前后图形对照。

2.（Fillet）圆角

圆角命令为 Fillet。圆角和倒角有些类似，它要求用一段弧在两实体之间光滑过渡。

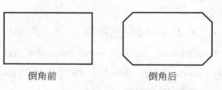

倒角前　　　　倒角后

图 2-32　倒角前后图形对照

启动 Fillet 命令后，命令行出现如下提示：

Select first object or ［Undo/Polyline/Radius/Trim/Multiple］：选择要进行圆角操作的第一个实体。

Select second object or shift-select to apply corner or ［Radius］：选择要进行圆角操作的第二个实体。

该提示中的其他选项含义如下：

- Undo：取消上一次的圆角误操作。

- Polyline：选择多义线。选择该选项后，命令行给出如下提示：

Select 2D polyline or ［Radius］：选择二维多义线，AutoCAD 将以默认的圆角半径对整个多义线相邻各边两两进行圆角操作。

- Radius：确定圆角半径。选择该选项后，命令行提示如下：

Specify fillet radius<0.0000>：输入新的圆角半径。初始默认半径值为 0。当输入新的圆角半径时，该值将作为新的默认半径值，直至下次输入其他的圆角半径为止。

- Trim：确定圆角的修剪状态。选择该选项后，命令行提示如下：

Enter Trim mode option ［Trim／No trim]<Trim>：Trim 是修剪圆角，No trim 是不修剪圆角。

- Multiple：在不结束命令的情况下对多个对象进行圆角操作。

图 2-33 所示为不修剪圆角和修剪圆角操作后所得图形。

矩形　　　　　　　　不修剪　　　　　　　修剪

图 2-33　不修剪圆角和修剪圆角操作后所得图形

2.6.13　Stretch（拉伸）

拉伸命令是指拖拉选择的对象，且使对象的形状发生改变。拉伸对象时应指定拉伸的基点和移置点。拉伸图形的命令是 Stretch（简捷命令 S）。

启动 Stretch 命令后，命令行给出如下提示：

Select objects to stretch by crossing-window or crossing-polygon... 提示用户采用 Crossing 方式选择实体目标。

Select objects：选择拉伸对象。

Specify base point or ［Displacement]<Displacement>：确定拉伸基点。

Specify second point or<use first point as displacement>：确定拉伸终点。可直接用十字光标或坐标参数方式来确定终点位置。

Stretch 命令可拉伸实体，也可移动实体。如果新选择的实体全部落在选择窗口内，AutoCAD 将把该实体从基点移动到终点。如果所选择的图形实体只有部分包含于选择窗口内，那么 AutoCAD 将拉伸实体。

如果不用 Crossing-Window 或 Crossing Polygon 方式进行选择，AutoCAD 将不会拉伸任何实体。

并非所有实体只要部分包含于选择窗口内就可被拉伸。AutoCAD 只能拉伸由 Line 、Arc（包括椭圆弧）、Solid、Pline 和 Trace 等命令绘制的带有端点的图形实体。选择窗口内的那部分实体被拉伸，而选择窗口外的那部分实体将保持不变。图 2-34 所示为拉伸前后图形对照。

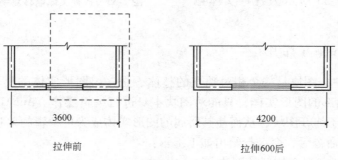

拉伸前　　　　　　　　　　　　　　拉伸600后

图 2-34　拉伸前后图形对照

2.6.14 Offset（偏移复制）

在建筑工程制图过程中，经常会遇到一些间距相等、形状相似的图形，如环形跑道、人行横道线等。对于这类图形，AutoCAD 提供了 Offset（简捷命令 O），该命令可以对选择的对象进行偏移复制，偏移后的对象与原对象具有相同的形状。

启动 Offset 命令后，命令行给出如下提示：

Specify offset distance or ［Through/Erase/Layer］<Through>：输入偏移量。可直接输入一个数值或通过两点之间的距离来确定偏移量。

Select object to offset or ［Exit/Undo］<Exit>：选取要偏移复制的实体目标。

Specify point on side to offset or ［Exit/Multiple/Undo］<Exit>：确定复制后的实体位于原实体的哪一侧。

Select object to offset or ［Exit/Undo］<Exit>：继续选择实体或直接按<Enter>键结束命令。

如果在"Specify offset distance or ［Through/Erase/Layer］<Through>："提示下，输入 T 并按<Enter>键，就可确定一个偏移点，从而使偏移复制后的新实体通过该点。此时，命令行提示：

Select object to offset or ［Exit/Undo］<Exit>：选择要偏移复制的图形实体。

Specify through point or ［Exit/Multiple/Undo］<Exit>：确定要通过的点。

Select object to offset or ［Exit/Undo］<Exit>：选择实体以继续偏移或直接按<Enter>键退出。

Offset 命令和其他的编辑命令不同，只能用直接拾取的方式一次选择一个实体进行偏移复制，且只能选择偏移直线、圆、多义线、椭圆、椭圆弧、多边形和曲线，不能偏移点、图块、文本。

对于直线（Line）、单向线（Ray）、构造线（Xline）等实体，AutoCAD 将平行偏移复制，直线的长度保持不变。

对于圆、椭圆、椭圆弧等实体，AutoCAD 偏移时将同心复制，偏移前后的实体同心。

多义线的偏移将逐段进行，各段长度将重新调整。图 2-35 所示为各种实体偏移复制前后的图形。

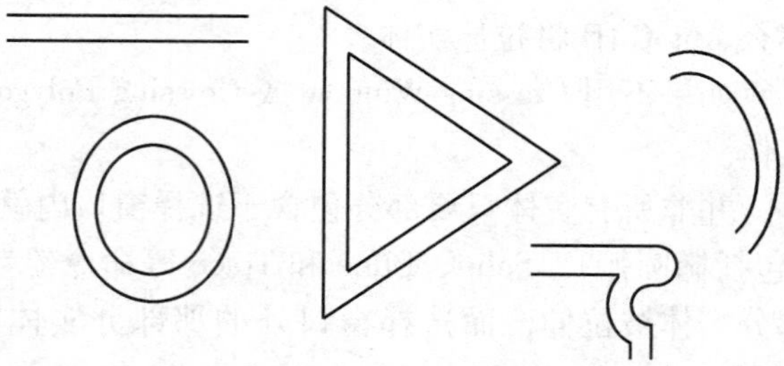

图 2-35　各种实体偏移复制前后的图形

2.6.15 Explode（炸开）

在 AutoCAD 中，图块是一个相对独立的整体，是一组图形实体的集合。因此，用户无法单独编辑图块内部的图形实体，只能对图块本身进行编辑操作。AutoCAD 提供了 Explode（简捷命令 X）用于炸开图块，从而使其所属的图形实体成为可编辑的单独实体。

启动 Explode 命令后，命令行给出如下提示：

Select objects：选择要炸开的图块。

Select objects：继续选择图块或直接按<Enter>键结束命令。

除了图块之外，利用 Explode 命令还可以炸开三维实体、三维多义线、填充图案、平行线（Mline）、尺寸标注线、多义线矩形、多边形和三维曲面等实体。

2.7 高级编辑技巧

本节主要介绍一些常用的高级编辑命令和编辑技巧。

2.7.1 Layer（图层控制）

"图层"是用来组织和管理图形的一种方式。它允许用户将图形中的内容进行分组，每一组作为一个图层。用户可以根据需要建立多个图层，并为每个图层指定相应的名称、线型、颜色。熟练运用图层可以大大提高图形的清晰度和工作效率，这在复杂的建筑工程制图中尤其明显。

在 AutoCAD 中，图层控制 Layer（简捷命令 LA）包括创建和删除图层、设置颜色和线型、控制图层状态等内容。图层控制可通过"Layer Properties Manager"对话框来进行。

启动 Layer 命令后，AutoCAD 将打开"Layer Properties Manager"对话框，如图 2-36 所示。

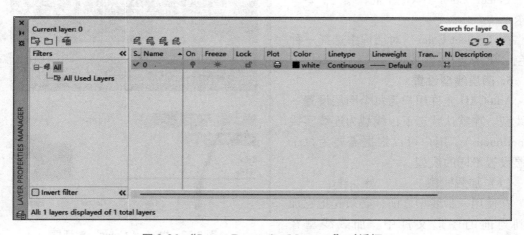

图 2-36 "Layer Properties Manager"对话框

在"Layer Properties Manager"对话框中，用户可完成新建图层、删除图层、设置当前层、图层颜色控制、图层线型设置、图层状态控制、线宽控制以及打印状态控制等。

1. 新建图层

在绘图过程中，用户可随时创建新图层，操作步骤如下：

在"Layer Properties Manager"对话框中单击"New"按钮，AutoCAD 将自动生成一个名叫"Layer ××"的图层，其中"××"是数字，表明它是所创建的第几个图层。用户可以将其更改为所需要的图层名称。

在对话框内任一空白处单击或按<Enter>键即可结束创建图层的操作。

2. 删除图层

在绘图过程中，用户可随时删除一些不用的图层，其操作步骤如下：

在"Layer Properties Manager"对话框的图层列表框中单击要删除的图层。此时该图层名称呈高亮度显示，表明该图层已被选择。

单击"Delete"按钮 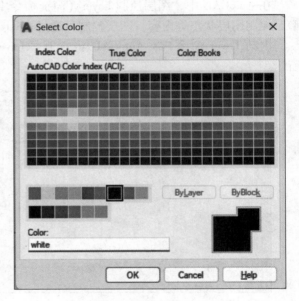，即可删除所选择的图层。

0层、当前层（正在使用的图层）、含有图形对象的图层不能被删除。

3. 设置当前层

当前层就是当前绘图层，用户只能在当前层上绘制图形，而且所绘制实体的属性将继承当前层的属性。当前层的层名和属性状态都显示在"Object Properties"工具栏上。AutoCAD默认0层为当前层。

在"Layer Properties Manager"对话框中，选择用户所需的图层名称，使其呈高亮度显示，然后单击"Current"按钮，即可将所选图层设置为当前图层。

4. 图层颜色控制

为了区分不同的图层，可为不同图层设置不同的颜色。其操作步骤如下：

在"Layer Properties Manager"对话框图层列表框中选择所需的图层。

在该图层的颜色图标按钮上单击，弹出"Select Color"对话框，如图2-37所示。

在"Select Color"对话框中选择一种颜色，单击 OK 按钮。

5. 图层线型设置

AutoCAD允许用户为每个图层设置一种线型。在默认状态下，线型为连续实线（Continuous）。用户可以根据需要为每个图层设置不同的线型。

（1）加载线型

在使用一种线型之前，必须先把它加载到当前的图形文件中。加载线型在"Select Linetype"对话框中进行。单击"Layer Properties Manager"对话框的线型

图 2-37 "Select Color"对话框

按钮，即可打开该对话框，如图2-38所示。"Select Linetype"对话框中各选项及按钮均与"Layer Properties Manager"中的相类似，这里不再重述。

打开"Select Linetype"对话框后，即可进行加载线型的操作，其步骤如下：

① 在"Select Linetype"对话框中，单击 Load... 按钮，出现"Load or Reload Linetypes"对话框，如图2-39所示。

② 在"Load or Reload Linetypes"对话框中，选择所要加载的线型。单击线型名，再单击 OK 按钮，关闭对话框。这样在"Select Linetype"对话框的列表选项中就可以看到刚才所选择的线型已加载。

③ 单击 OK 按钮，关闭"Select Linetype"对话框，结束加载线型的操作。

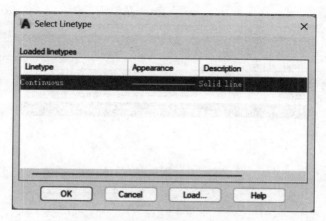

图 2-38　"Select Linetype" 对话框

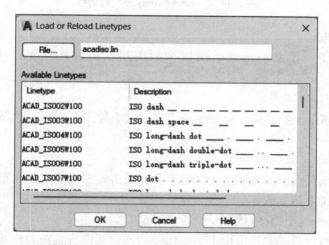

图 2-39　"Load or Reload Linetypes" 对话框

（2）设置线型

加载线型后，可在"Layer Properties Manager"对话框中将其赋给某个图层，其具体操作步骤如下：

① 在"Layer Properties Manager"对话框中选定一个图层，单击该图层的初始线型名称，弹出"Select Linetype"对话框，如图 2-40 所示。

② 在此对话框中选择所需要的线型，再单击 OK 按钮。

③ 在"Layer Properties Manager"对话框中单击 OK 按钮，结束线型设置操作。

（3）线型比例

用户可以用 Ltscale 命令来更改线型的短线和空格的相对比例。线型比例的默认值为 1。

通常，线型比例应和绘图比例相协调。如果绘图比例是 1∶10，则线型比例应设为 10。用户可以采用下列任何一种方法来设置线型比例。

在命令行输入 Ltscale（简捷命令 LTS）并按<Enter>键，出现如下提示：

Ltscale Enter new linetype scale factor<1.0000>：输入新的线型比例，并按<Enter>键即可。更改线型比例后，AutoCAD 自动重新生成图形。

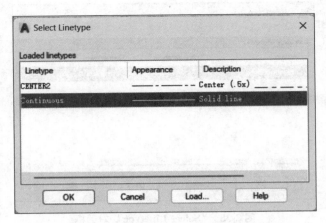

图 2-40 "Select Linetype" 对话框

6. 图层状态控制

AutoCAD 提供了一组状态开关，用以控制图层状态属性。现将这些状态开关简介如下：

（1）On/Off（打开/关闭）

关闭图层后，该层上的实体不能在屏幕上显示或由绘图仪输出。重新生成图形时，图层上的实体仍将重新生成。

（2）Freeze/Thaw（冻结/解冻）

冻结图层后，该层上的实体不能在屏幕上显示或由绘图仪输出。在重新生成图形时，冻结层上的实体将不再重新生成。

（3）Lock/Unlock（上锁/解锁）

图层上锁后，用户只能观察该层上的实体，不能对其进行编辑和修改，但实体仍可以显示和输出。

用户可以采用以下方法控制这些开关状态。

在"Layer Properties Manager"对话框中，选择要操作的图层，单击开关状态按钮进行设置，再单击 OK 按钮。

7. 线宽控制

在 AutoCAD 2021 中，用户可为每个图层的线条定制线宽，从而使图形中的线条在打印输出后，仍然各自保持其固有的宽度。用户为不同图层定义线宽之后，无论打印预览还是输出到其他软件中，这些线宽均是实际显示的，从而使 AutoCAD 2021 真正做到了在打印输出时所见即所得的效果。

设定实际线宽可在"Layer Properties Manager"对话框中进行，如图 2-41 所示，选择某一图层后，单击"Lineweight"下拉列表框，选择合适的线宽，这样就为该图层设定了线宽。

8. 图层打印开关

AutoCAD 2021 允许用户单独控制某一图层是否打印出来，这在实际绘图中非常有用。

在"Layer Properties Manager"对话框中的图层列表框内，最右侧的一列便是打印开

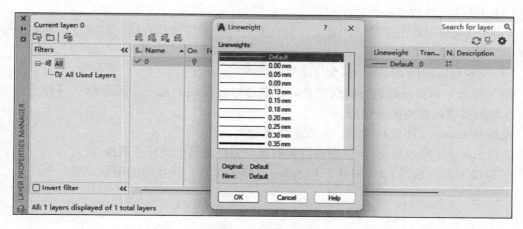

图 2-41　设定实际线宽

关。打印开关是切换开关，用户只需在它上面单击便可进行切换。打印开关的初始状态为开启。

2.7.2　Pedit（多段线编辑）

多段线是 AutoCAD 中一种特殊的线条，其绘制方法在前面已做过介绍。作为一种图形实体，多段线也同样可以使用 Move、Copy 等基本编辑命令进行编辑，但这些命令却无法编辑多段线本身所独有的内部特征。AutoCAD 专门为编辑多段线提供了一个命令，即多段线编辑（Pedit）。使用 Pedit（简捷命令 PE），可以对多段线本身的特性进行修改，也可以把单一独立的首尾相连的多条线段合并成多段线。

启动 Pedit 命令后，命令行提示如下：

Select polyline or［Multiple］：选择编辑对象，可以拾取一条或多条多段线、直线或圆弧。

如果选取的是多段线，命令行提示如下：

Enter an option［Close/Join/Width/Edit vertex/Fit/Spline/Decurve/Ltype gen/Reverse/Undo］：

使用这些选项，可以修改多段线的长度、宽度，使多段线打开或闭合等。下面分别介绍这些选项。

（1）Close/Open（闭合或打开一条多段线）

如果正在编辑的多段线是非闭合的，上述提示中会出现 Close 选项，可使用该选项使之封闭。同样，如果是一条闭合的多段线，则第一个选项为 Open 选项，可以使用 Open 选项打开闭合的多段线。

（2）Join（连接多段线）

使用 Join 选项，可以将其他的多段线、直线或圆弧连接到正在编辑的多段线上，从而形成一条新的多段线。

选择 Join 选项后，命令行提示"Select objects："要求用户选择要连接的实体，可选择多个符合条件的实体进行连接，这多个实体应是首尾相连的。选择完毕后，按<Enter>键确认，AutoCAD 便将这些实体与原多段线连接。

（3）Width（修改多段线宽度）

Width 选项可以改变多段线的宽度，但只能使一条多段线具有统一的宽度，而不能分段设置。

（4）Fit/Spline/Dexcurve（拟合与还原多段线）

Fit（拟合）对多段线进行曲线拟合，就是通过多段线的每一个顶点建立一些连续的圆弧，这些圆弧彼此在连接点相切。

选择 Dexcurve（还原）选项，可以把曲线变直。

选择 Spline（样条拟合），以原多段线的顶点为控制点生成样条曲线。

图 2-42 所示为执行 Fit（拟合）和 Spline（样条拟合）选项时的图形对照。

多段线　　　　　Fit(拟合)后　　　　Spline(样条拟合)后

图 2-42　执行 Fit 和 Spline 拟合多段线

（5）Ltype gen（调整线型比例）

Ltype gen 选项用来控制多段线为非实线状态时的显示方式，即控制虚线或中心线等非实线型的多段线角点的连续性。

（6）Reverse（反转）

反转多段线顶点的顺序。使用此选项可反转使用包含文字线型的对象的方向。

启动 Pedit 命令后，如果选择的线不是多段线，将出现提示：

Do you want to turn it into one？＜Y＞：

如果使用默认项 Y，则将把选定的直线或圆弧转变成多段线，然后继续出现上述的 Pedit 下属各选项。

2.7.3　Properties（属性管理器）

AutoCAD 2021 提供了一个专门进行图形实体属性编辑和管理的工具——属性管理器。在属性管理器中，图形实体的所有属性均一目了然，用户修改起来也极为方便。

在命令行输入"Properties"即可启动该命令，打开如图 2-43 所示的对话框。

在该对话框中，列出了被选取的目标实体的全部属性，这些属性有些是可编辑的，有些则是不允许编辑的。而用户所选取的目标实体，可以是单一的，也可以是多个的；可以是同一种类的图形，也可以是不

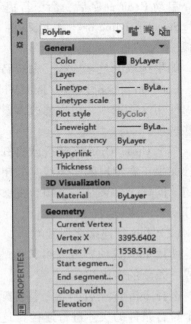

图 2-43　"Properties"对话框

同种类的图形。

图形属性一般分为基本属性（General）、几何属性（Geometry）、形式属性（Misc）、打印样式属性（Plot style）和视窗属性（View）等，其中以基本属性和几何属性最为重要。

（1）General（基本属性）

图形的基本属性共包括八项，分别为颜色（Color）、图层（Layer）、线型（Linetype）、线型比例（Linetype Scale）、打印样式（Plot Style）、线宽（Lineweigh）、超级链接（Hyperlink）、厚度（Thickness）。它们反映了实体最本质的特征。

（2）Geometry（几何属性）及其他属性

不同的图形实体，其几何属性和其他属性等都是不尽相同的，在实际使用中有以下两种形式：

① 修改单个目标实体的属性。此时，该实体所有属性都可以进行编辑，用户可在下拉列表框中进行选择或在文本框中直接输入数值。

② 修改多个目标实体的属性。此时，属性管理器中除基本属性保持不变外，其他属性的下属项目均只部分列出，即仅仅排列出这些目标实体的相同属性部分。

AutoCAD 2021 中使用属性管理器的最大优点在于用户不但可以对多个目标实体的基本属性进行编辑，而且还可利用它对多个目标实体的某些共有属性一起进行编辑，这一功能将为用户解决图形编辑中的一大难题。

2.7.4 Match Properties（属性匹配）

AutoCAD 2021 提供了一个属性复制命令，可以把一个实体的属性复制给另一个或一组实体，使这些实体的某些属性或全部属性和源实体相同。在命令行输入 Match Properties（简捷命令 MA），即可执行属性复制命令。

启动 Match Properties 命令后，命令行出现如下提示：

Select source object：选择源实体。

Current active settings：Color Layer Ltype Ltscale Lineweight Transparency Thickness PlotStyle Dim Text Hatch Polyline Viewport Table Material Multileader Center object

这一行提示显示出属性复制命令的当前（也是默认）设置，允许复制这些属性。

Select destination object（s）or［Settings］：输入 S，重新设置可复制的属性项。此时屏幕上弹出"Property Settings"对话框，如图 2-44 所示。

在该对话框中，可以对复选框中列出的属性进行选择，只有被选择的属性才能从源实体复制到目标实体上。特殊属性只是某些特殊实体才有的属性，如尺寸标注属性只属于尺寸标注线，文本属性只属于文本。对于

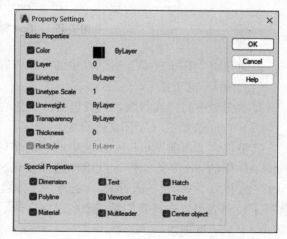

图 2-44 "Property Settings" 对话框

特殊属性，只能在同类型的实体之间进行复制。

进行属性设置后，系统又回到原来的状态，即命令行又出现提示：

Select destination object（s）or［Settings］：选择属性复制的目标实体。

选择完毕并按<Enter>键确认后，目标实体的属性便服从于源实体的属性。

2.8 文本标注与编辑

AutoCAD 2021 可以为图形进行文本标注和说明，对于已标注的文本，还提供相应的编辑命令，使得绘图中文本标注能力大为增强。

2.8.1 Style（定义字体样式）

字体样式是定义文本标注时的各种参数和表现形式。用户可以在字体样式中定义字体高度等参数，并赋名保存。定义字体样式的命令为 Style（简捷命令 ST）。

启动 Style 命令后，弹出 "Text Style" 对话框，如图 2-45 所示，在该对话框中，用户可以进行字体样式的设置。

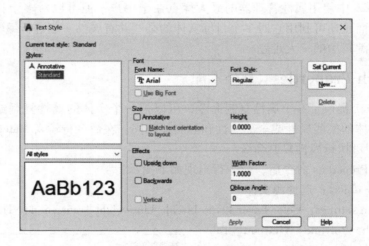

图 2-45 "Text Style" 对话框

下面介绍 "Text Style" 对话框中的各项内容。

（1）Styles 选项组

显示图形中的样式列表。列表包括已定义的样式名并默认显示选择的当前样式。

（2）Font 选项组（字体文件设置）

其中包含了当前 Windows 系统中所有的字体文件，如 Romans、仿宋体、黑体等，以及 AutoCAD 中的 shx 字体文件，供用户选择使用。我们在使用汉字字体时需要去掉 "Use Big Font" 前面的 "√"，"shx 字体" 变为 "字体名"，"大字体" 变为 "字体样式"，从 "字体名" 下拉列表可以选择我们所需要的汉字字体。

（3）Size 选项组

- Annotative：指定文字为注释性文字。

- Match text orientation to layout 复选框：指定图纸空间视口中的文字方向与布局方向匹配。
  - Height 文本框：根据输入的值设置文字高度。
  （4）Effects 选项组（设定字体的具体特征）
  - Upside down 复选框：确定是否将文本文字旋转 180°。
  - Backwards 复选框：确定是否将文字以镜像方式标注。
  - Vertical 复选框：控制文本是水平标注还是垂直标注。
  - Width Factor 文本框：设定文字的宽度系数。
  - Oblique Angle 文本框：确定字的倾斜角度。
  （5）Preview 区

在 Preview 区可观察所设置的字体样式是否满足需要。

定义字体样式设置完毕后，便可以进行文本标注了。标注文本有两种方式：一种是单行标注（Dtext），即启动命令后每次只能输入一行文本，不会自动换行输入；另一种是多行标注（Mtext），一次可以输入多行文本。

2.8.2　Dtext（标注单行文本）

单行文本就是将每一行作为一个文本对象，一次性地在图纸中的任意位置添加所需的文本内容。单行文本标注的命令为 Dtext（简捷命令 DT）。

启动 Dtext 命令后，命令行出现如下提示：

Current text style：当前文字样式。

Specify start point of text or [Justify/Style]：确定文本行基线的起点位置。

下面介绍该提示中的另外两个选项的含义。

- Justify：确定标注文本的排列方式及排列方向。
- Style：选择 Style 命令定义的文本的字体样式。

确定起点位置后，命令行提示：

Specify height<0.0000>：确定文本高度。

Specify rotation angle of text<0>：确定文本旋转角度。

用 Dtext 命令标注文本，可以进行换行，即执行一次命令可以连续标注多行，但每换一行或用光标重新定义一个起始位置时，再输入的文本便被作为另一实体。

如果用户在用 Style 命令定义字体样式时已经设置了字高（即 Height 不等于 0），那么在文本标注过程中，命令行将不再显示"Specify height<当前值>："操作提示。

输入文字按<Enter>键确认后，命令行会继续让输入文本，可在已输入文字下一行位置继续输入，也可直接按<Enter>键，结束本次 Dtext 命令。

2.8.3　Mtext（标注多行文本）

用 Dtext 命令虽然也可以标注多行文本，但换行时定位及行列对齐比较困难，且标注结束后每行文本都是一个单独的实体，不易编辑。AutoCAD 为此提供了 Mtext 命令，使用 Mtext（简捷命令 MT）可以一次标注多行文本，并且各行文本都以指定宽度排列对齐，共同作为一个实体。这一命令在注写设计说明中非常有用。

启动 Mtext 命令，命令行给出如下提示：

Current text style：当前文本样式。

Text height：当值前。

Specify first corner：确定一点作为标注文本框的第一个角点。

Specify opposite corner or［Height/Justify/Line spacing/Rotation/Style/Width/Columns］：确定标注文本框的另一个对角点。

提示中其他选项含义如下。

- Height：设置标注文本的高度。
- Justify：设置文本排列方式。
- Line spacing：设置文本行间距。
- Rotation：设置文本倾斜角度。
- Style：设置文本字体标注样式。
- Width：设置文本框的宽度。
- Columns：指定多行文本对象的栏选项。

在绘图区通过指定对角点框选出文本输入范围，如图 2-46 所示，在文本框中即可输入文字，如图 2-47 所示。

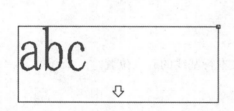

图 2-46　指定对角点

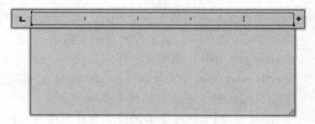

图 2-47　文本框

确认可以输入文本后，AutoCAD 2021 自动打开"Text Editor"选项卡，如图 2-48 所示，用户在该选项卡中可对文本的样式、字体、加粗以及颜色等属性进行设置。

图 2-48　"Text Editor"选项卡

2.8.4　特殊字符的输入

在建筑工程绘图中，经常需要标注一些特殊字符，如表示直径的符号 ϕ、表示地平面标高的正负号等。这些特殊字符不能直接从键盘上输入。AutoCAD 提供了一些简捷的控制码，通过从键盘上直接输入这些控制码，可以达到输入特殊字符的目的。

AutoCAD 提供的控制码及其相对应的特殊字符见表 2-1。

表 2-1　控制码及其相对应的特殊字符

控　制　码	相对应特殊字符功能
%%O	打开或关闭文字上画线功能
%%U	打开或关闭文字下画线功能
%%D	标注符号"度"（°）
%%P	标注正负号（±）
%%C	标注直径（φ）

AutoCAD 提供的控制码，均由两个百分号（%%）和一个字母组成。输入这些控制码后，屏幕上不会立即显示它们所代表的特殊符号，只有在按<Enter>键之后，控制码才会变成相应的特殊字符。

控制码所在的文本如果被定义为 TrueType 字体，则无法显示出相应的特殊字符，只能出现一些乱码或问号。因此使用控制码时要将字体样式设为非 TureType 字体。

2.8.5　文本编辑

已标注的文本，有时需对其属性或文字本身进行修改，AutoCAD 提供了两个文本基本编辑方法，即 Ddedit 命令和属性管理器，方便用户快速便捷地编辑所需的文本。

1. 利用 Ddedit 命令编辑文本

执行 Ddedit（简捷命令 ED），即可对文本进行编辑。也可直接双击文本，对文本内容进行相应的修改。

启动命令后，命令行提示如下：

Select an annotation object or ［Undo/Mode］：选取要修改的文本。

若选取的文本是用 Dtext 命令标注的单行文本，则会出现所选择的文本内容，如图 2-49 所示，此时只能对文字内容进行修改。

在 Ddedit 命令下的提示中，还有一个 Undo 选项，选择该选项，可以取消上次所进行的文本编辑操作。若执行 Mode 选项，则命令行提示：

图 2-49　修改文本

Enter a text edit mode option ［Single/Multiple]<Multiple>：确定文本编辑模式，可选单行文本编辑或多行文本编辑。

若所选的文本是用 Mtext 命令标注的多行文本，工作界面自动切换到"Text Editor"选项卡。同创建多行文本一样，在"Text Editor"选项卡面板中，即可对多行文本进行字体属性设置。

2. 利用属性管理器编辑文本

选择一文本，单击鼠标右键，弹出快捷菜单（图 2-50），单击"Properties"命令，打开属性管理器（图 2-51），就可利用属性管理器进行文本编辑了。

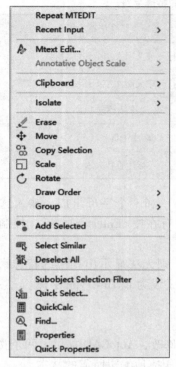

图 2-50 快捷菜单

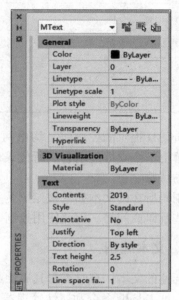

图 2-51 属性管理器

在用属性管理器编辑图形实体时，允许一次选择多个文本实体；而用 Ddedit 命令编辑文本实体时，每次只能选择一个文本实体。

2.9 尺寸标注

建筑工程图中的尺寸标注是建筑工程图的重要组成部分。利用 AutoCAD 的尺寸标注命令，可以方便快速地标注图样中各种方向、形式的尺寸。

2.9.1 尺寸标注的基本知识

一个完整的尺寸标注通常由尺寸线、尺寸界线、尺寸起止符号和尺寸文本（数字）四部分组成。图 2-52 为建筑制图尺寸标注各部分的名称。

一般情况下，AutoCAD 将尺寸作为一个图块，即尺寸线、尺寸界线、尺寸起止符号和尺寸文本各自不是单独的实体，而是构成图块的一部分。如果对该尺寸标注进行拉伸，那么拉伸后，尺寸标注的尺寸文本将自动发生相应的变化。这种尺寸标注称为关联性尺寸（Associative Dimension）。

如果用户选择的是关联性尺寸标注，那么当改

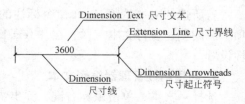

图 2-52 建筑制图尺寸标注各部分的名称

变尺寸标注样式时，在该样式基础上生成的所有尺寸标注都将随之改变。

如果一个尺寸标注的尺寸线、尺寸界线、尺寸起止符号和尺寸文本都是单独的实体，即尺寸标注不是一个图块，那么这种尺寸标注称为无关联性尺寸（Non Associative Dimension）。

如果用户用 Scale 命令缩放非关联性尺寸标注，将会看到尺寸线是被拉伸了，可尺寸文本仍保持不变，因此无关联性尺寸无法实时反映图形的准确尺寸。

图 2-53 所示为用 Scale 命令缩放关联性和非关联性尺寸的结果。

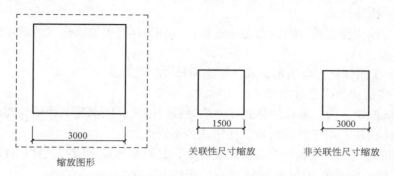

图 2-53　用 Scale 命令缩放关联性和非关联性尺寸

2.9.2　创建尺寸标注样式

尺寸标注样式控制着尺寸标注的外观和功能，它可以定义不同设置的标注样式并给它们赋名。下面以 GB/T 50104《建筑制图标准》要求的尺寸形式为例，学习创建尺寸标注样式。

AutoCAD 提供了 Dimstyle（简捷命令 D），用以创建或设置尺寸标注样式。

启动 Dimstyle 命令后，AutoCAD 将打开如图 2-54 所示的"Dimension Style Manager"对话框。

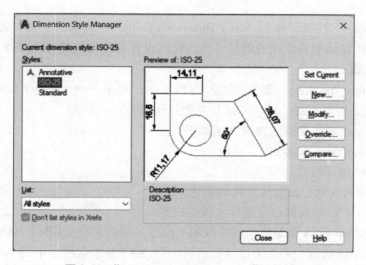

图 2-54　"Dimension Style Manager"对话框

在新建尺寸标注样式之前，首先应了解"Dimension Style Manager"对话框中相关选项的功能。

- Styles 列表框：显示当前图形文件中已定义的所有尺寸标注样式。要重新设置当前尺寸标注样式，可以在该列表框中直接选择所需的尺寸标注样式名称，再单击"Set Current"按钮即可。

如果用户尚未创建任何尺寸标注样式，则 AutoCAD 将自动创建 Standard 样式，并把其设置为当前尺寸标注样式。

当某一尺寸标注样式被设定为当前样式时，AutoCAD 将根据该样式所规定的各项特征参数进行标注尺寸。

- Preview of 图像框：以图形方式显示当前尺寸标注样式。
- Modify 按钮：修改已有的尺寸标注样式。
- Override 按钮：为一种标注格式建立临时替代格式，以满足某些特殊要求。
- Compare 按钮：用于比较两种标注格式的不同点。
- List 下拉列表框：控制在当前图形文件中，是否全部显示所有尺寸标注样式。
- New 按钮：创建新的尺寸标注样式。单击该按钮后，弹出"Create New Dimension Style"对话框，如图 2-55 所示。该对话框中各选项含义如下：

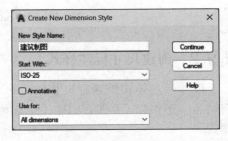

图 2-55 "Create New Dimension Style"对话框

- New Style Name 文本框：设置创建新的尺寸样式的名称，如输入"建筑制图"。
- Start With 下拉列表框：在此下拉列表框中选择一种已有的标注样式，新的标注样式将继承此标注样式的所有特点。用户可以在此标注样式的基础上，修改不符合要求的部分，从而提高工作效率。
- Use for 下拉列表框：限定新标注样式的应用范围。

单击"Continue"按钮，弹出"New Dimension Style：建筑制图"对话框，如图 2-56 所示。用户可利用该对话框为新创建的尺寸标注样式设置各种相关的特征参数。

1. 设置尺寸线

在"New Dimension Style：建筑制图"对话框中，单击 Lines 选项卡，用户可在该选项卡（图 2-56）中设置尺寸线、尺寸界线和其他几何参数。

现将该选项卡中各选项组的含义介绍如下：

（1）Dimension Lines 选项组

设置尺寸线的特征参数。

- Color 下拉列表框：设置尺寸线的颜色。
- Lineweight 下拉列表框：设置尺寸线的线宽。
- Extend beyond ticks 增量框：尺寸线超出尺寸界线的长度。GB/T 50001《房屋建筑制图统一标准》规定该数值一般为 0。只有将 Symbols and Arrows 选项卡中的 Arrowheads 选项设置为 Oblique 或 Architectural Tick 时，Extend beyond ticks 增量框才能被激活，否则将呈淡灰色显示而无效。

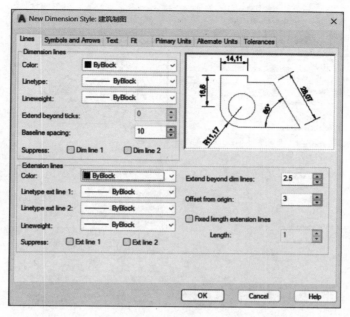

图 2-56　"New Dimension Style：建筑制图" 对话框

● Baseline spacing 增量框：当用户采用基线方式标注尺寸时，可在该增量框中输入一个值，以控制两尺寸线之间的距离。《房屋建筑制图统一标准》规定两尺寸线间距为 7~10mm。

● Suppress 选项：控制是否隐藏第一条、第二条尺寸线及相应的尺寸起止符号。建筑制图时，只选默认值，即两条尺寸线都可见。

（2）Extension Lines 选项组

设置尺寸界线的特征参数。

● Color 下拉列表框：设置尺寸界线的颜色。

● Extend beyond dim lines 增量框：用户可在此增量框中输入一个值以确定尺寸界线超出尺寸线的那一部分长度。《房屋建筑制图统一标准》规定这一长度宜为 2~3mm。

● Offset from origin：设置标注尺寸界线的端点离开指定标注起点的距离。

● Suppress 选项：控制是否隐藏第一条或第二条尺寸界线。建筑制图时，只选默认值，即两条尺寸界线都可见。

2. 设置尺寸起止符号

在 "New Dimension Style：建筑制图" 对话框中，单击 Symbols and Arrows 选项卡，如图 2-57 所示，用户可在该选项卡中设置起止符号的形状及大小。

（1）Arrowheads 选项组

设置尺寸起止符号的形状及大小。

● First 下拉列表框：选择第一个尺寸起止符号的形状。下拉列表框中提供各种起止符号以满足各种工程制图需要。建筑制图时，选择 "Architectural tick" 选项。当用户选择某种类型的起止符号作为第一个尺寸起止符号时，AutoCAD 将自动把该类型的起止符号默认为第二个尺寸起止符号而出现在 Second 下拉列表框中。

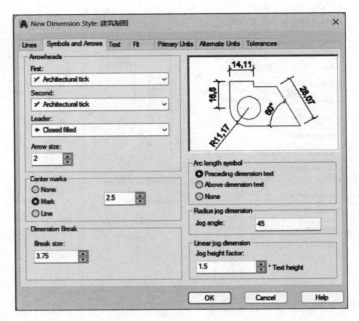

图 2-57 "Symbols and Arrows" 选项卡

- Second 下拉列表框：设置第二个尺寸起止符号的形状。
- Leader 下拉列表框：设置指引线的箭头形状。
- Arrow size 增量框：设置尺寸起止符号的大小。《房屋建筑制图统一标准》要求起止符号一般用中粗短线绘制，长度宜为 2~3mm。此处设置的数值为箭头的垂直投影尺寸。

（2）Center marks 选项组

设置半径标注、直径标注和中心标注中的中心标记和中心线的形式。

- None：不产生中心标记，也不产生中心线。
- Mark：中心标记为一个记号。
- Line：中心标记采用直线的形式。

（3）Arc length symbol 选项组

控制弧长标注中圆弧符号的显示。

- Preceding dimension text：将弧长符号放在标注文字的前面。
- Above dimension text：将弧长符号放在标注文字的上面。
- None：不显示弧长符号。

（4）Radius jog dimension 选项组

控制折弯半径标注的显示。Jog angle 文字框中可以输入数值，设置折弯半径标注中尺寸线的横向线段的角度。

3. 设置尺寸文本格式

在"New Dimension Style：建筑制图"对话框中，单击 Text 选项卡，用户可在如图 2-58 所示的选项卡中设置尺寸文本、尺寸起止符号、指引线和尺寸线之间的相对位置以及尺寸文本格式。

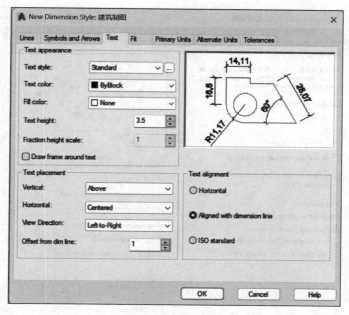

图 2-58 "Text" 选项卡

该选项卡中各选项含义如下：

（1）Text appearance 选项组

控制尺寸文本字体样式、字高、颜色等属性参数。

● Text style 下拉列表框和按钮：显示和设置尺寸文本的当前字体样式。用户可从中选择某一已定义的样式作为当前尺寸文本的字体样式。单击 Text style 右边的按钮 ···，即可打开 "Text style" 对话框，以创建新的字体样式或对已定义的字体样式做适当的修改。

● Text color 下拉列表框：设置尺寸文本的颜色。

● Text height 增量框：设置尺寸文本的字高。建筑制图时，输入的字高一般为 3.5~4。

● Fraction height scale 增量框：设置分数尺寸文本的相对高度系数。

（2）Text placement 选项组

控制尺寸文本排列位置。

● Vertical 下拉列表框：设置尺寸文本相对于尺寸线在垂直方向的排列方式。建筑制图时选用 "Above" 选项。

● Horizontal 下拉列表框：设置尺寸文本相对于尺寸线、尺寸界线的位置。建筑制图时，选用 "Centered" 选项。

● Offset from dim line 增量框：设置尺寸文本和尺寸线之间的偏移距离。建筑制图时，输入 1~1.5。

4. 设置尺寸标注特征

在 "New Dimension Style：建筑制图" 对话框中，单击 Fit 选项，用户可在如图 2-59 所示的选项卡内设置尺寸文本、尺寸起止符号、指引线和尺寸线的相对排列位置。

该选项卡中各选项含义如下：

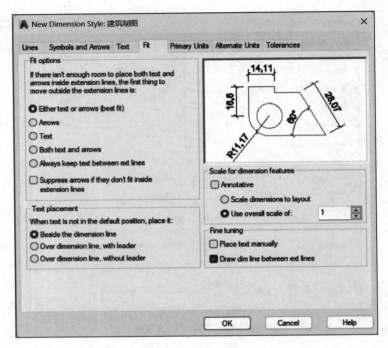

图 2-59 "Fit"选项卡

（1）Fit options 选项组

用户可根据两尺寸界线之间的距离来选择具体的选项，以控制将尺寸文本和尺寸起止符号放置在两尺寸界线的内部还是外部。在建筑制图中，选择默认值即可。

（2）Text placement 选项组

设置当尺寸文本离开其默认位置时的放置位置。

● Beside the dimension line 单选按钮：选择该单选按钮后，当移动尺寸文本时，AutoCAD 自动将尺寸文本放置在尺寸线的旁边。

● Over dimension line, with leader 单选按钮：控制是否以指引线标注的方式标注尺寸。

● Over dimension line, without leader 单选按钮：控制是否以无指引线的方式来标注尺寸。

（3）Scale for dimension features 选项组

该选项组用来设置尺寸的比例系数。

● Scale dimensions to layout 单选按钮：选择该单选按钮，可确定图纸空间内的尺寸比例系数。

● Use overall scale of 增量框：用户可在该增量框中输入数值以设置所有尺寸标注样式的总体尺寸比例系数。

（4）Fine tuning 选项组

该选项组用来设置尺寸文本的精细微调选项。

● Place text manually 复选框：选择该复选框后，AutoCAD 将忽略任何水平方向的标注设置，允许用户在"Specify dimensionline location or ［Mtext/Text/Angle/Horizontal/Vertical/Rotated］:"提示下，手工设置尺寸文本的标注位置。若不选择该复选框，AutoCAD 将按"Horizontal"下拉列表框所设置的标注位置自动标注尺寸文本。

- Draw dim line between ext lines 复选框：选择该复选框后，当两尺寸界线距离很近不足以放下尺寸文本，而把尺寸文本放在尺寸界线的外面时，AutoCAD 将自动在两尺寸界线之间绘制一条直线把尺寸线连通。若不选择该复选框，两尺寸界线之间将没有一条直线，导致尺寸线隔开。

5. 设置米制尺寸参数

在"New Dimension Style：建筑制图"对话框内，单击 `Primary Units` 选项，用户可在如图 2-60 所示的选项卡中设置基本尺寸文本的各种参数，以控制尺寸单位、角度单位、精度等级、比例系数等。

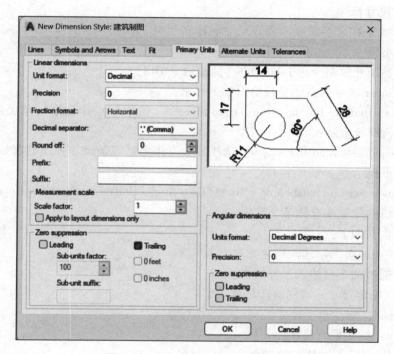

图 2-60　"Primary Units"选项卡

该选项卡中各选项的含义如下：

（1）Linear dimensions 选项组

设置基本尺寸文本的特征参数。

- Unit format 下拉列表框：设置基本尺寸的单位格式。用户可从该下拉列表框中选取所需的单位制。建筑制图中，选用"Decimal"选项。

- Precision 下拉列表框：控制除角度型尺寸标注之外的尺寸精度。建筑制图中，精度为 0。

- Fraction format 下拉列表框：设置分数型尺寸文本的书写格式。

- Round off 增量框：设置尺寸数字的舍入值。

（2）Measurement scale 选项组

设置比例系数。

- Scale factor 增量框：控制线性尺寸的比例系数。

（3）Zero suppression 选项组

控制尺寸标注时的零抑制问题。

（4）Angular dimensions 选项组

设置角度型尺寸的单位格式和精度。

2.9.3 线性型尺寸标注

线性（Linear）型尺寸是建筑制图中最常见的尺寸，包括水平尺寸、垂直尺寸、旋转尺寸、基线标注和连续标注。下面将分别介绍这几种尺寸的标注方法。

1. 长度类尺寸标注

AutoCAD 2021 把水平尺寸、垂直尺寸和旋转尺寸都归结为长度类尺寸。这三种尺寸的标注方法大同小异。

标注长度类尺寸的命令为 Dimlinear（简捷命令 DLI）。

启动 Dimlinear 命令后，命令行给出如下提示：

Specify first extension line origin or<select object>：选取一点作为第一条尺寸界线的起始点。之后命令行继续提示：

Specify second extension line origin：选择另一点作为第二条尺寸界线的起始点。选择后，命令行给出如下提示：

Specify dimension line location or［Mtext/Text/Angle/Horizontal/Vertical/Rotated］：选择一点以确定尺寸线的位置或选择某个选项。

各选项的含义如下：

- Mtext：通过对话框输入尺寸文本。
- Text：通过命令行输入尺寸文本。
- Angle：确定尺寸文本的旋转角度。
- Horizontal：标注水平尺寸。
- Vertical：标注垂直尺寸。
- Rotated：确定尺寸线的旋转角度。

如果在"Specify first extension line origin or<select object>："提示下，直接按<Enter>键，命令行将提示：

Select object to dimension：直接选择要标注尺寸的那一条边。选择要标注的边后，命令行提示：

Specify dimension line location or［Mtext/Text/Angle/Horizontal/Vertical/Rotated］：确定尺寸线的位置或选择某一选项。

2. 基线标注

在建筑制图中，往往以某一线作为基准，其他尺寸都按该基准进行定位，这就是基线标注。标注这类尺寸的命令为 Dimbaseline（简捷命令 DBA）。

启动 Dimbaseline 命令后，命令行给出如下提示：

Specify second extension line origin or ［Select/Undo］<Select>：在此提示下直接确定另一尺寸的第二尺寸界线起始点，即可标注出尺寸。此后，命令行将反复出现如下提示：

Specify second extension line origin or ［Select/Undo］<Select>：

直到基线尺寸全部标注完，按<Esc>键退出基线标注为止。

如果在该提示符下输入 U 并按<Enter>键，将删除上一次刚刚标注的那一个基线尺寸。

如果在该提示符下直接按<Enter>键，命令行提示：

Select base dimension：选择基线标注的基线，选择一条尺寸界线为基线后，命令行将提示：

Specify second extension line origin or ［Select/Undo］<Select>：直接确定另一要标注基线尺寸的第二尺寸界线起始点。

3. 连续标注

除了基线标注之外，还有一类尺寸，它们也是按某一"基准"来标注尺寸的，但该基准不是固定的，而是动态的。这些尺寸首尾相连（除第一个尺寸和最后一个尺寸外），前一尺寸的第二尺寸界线就是后一尺寸的第一尺寸界线。AutoCAD 把这种类型的尺寸称为连续尺寸。

开始连续标注时，要求用户先要标出一个尺寸。

标注连续尺寸的命令是 Dimcontinue（简捷命令 DCO）。

启动 Dimcontinue 命令后，命令行将给出下列提示：

Specify second extension line origin or ［Select/Undo］<Select>：直接确定另一尺寸的第二尺寸界线起始点。

命令行将反复出现如下提示：

Specify second extension line origin or ［Select/Undo］<Select>：

直到按<Esc>键退出为止。

如果在该提示下输入 U 并按<Enter>键，即选择 Undo 选项，AutoCAD 将撤销上一连续尺寸，然后命令行还将提示：

Specify a second extension line origin or ［Undo/Select］<Select>：

如果在该提示下直接按<Enter>键，命令行提示：

Select continued dimension：选择新的连续尺寸群中的第一个尺寸。

确定该尺寸后，命令行又提示：

Specify second extension line origin or ［Select/Undo］<Select>：选择一点以确定第二个尺寸的第二尺寸界线位置。

2.9.4　编辑尺寸标注

AutoCAD 2021 提供了多种方法以方便用户对尺寸标注进行编辑，下面将逐一介绍这些方法及命令。

1. 利用属性管理器编辑尺寸标注

用户可通过 Properties 命令在对话框中更改、编辑尺寸标注的相关参数。操作如下：选择将要修改的某个尺寸标注，再启动属性管理器 Properties 命令，打开如图 2-61 所示的"Properties"对话框。在该对话框中，用户可根据需要更改相关设置。

2. 利用 Dimedit 命令编辑尺寸标注

AutoCAD 2021 也可通过在命令行输入 Dimedit（简捷命令 DED）进行尺寸标注的编辑操作。

启动该命令后，命令行提示如下：

Enter type of dimension editing ［Home/New/Rotate/Oblique］<Home>：输入需要编辑的选项。

各选项含义如下：

● Home：将尺寸文本按 Dimstyle 所定义的默认位置、方向重新放置。执行该选项，命令行提示：

Select objects：选择要编辑的尺寸标注。

● New：更新所选择的尺寸标注的尺寸文本。执行该选项，AutoCAD 将打开"Multiline Text Editor"对话框。用户可在该对话框中更改新的尺寸文本。单击 OK 按钮关闭对话框后，命令行提示如下：

Select objects：选择要更改的尺寸文本。

● Rotate：旋转所选择的尺寸文本。执行该选项，命令行提示：

Specify angle for dimension text：输入尺寸文本的旋转角度。

Select objects：选择要编辑的尺寸标注。

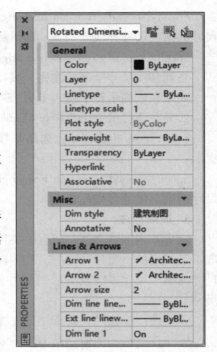

图 2-61 "Properties"对话框

● Oblique：实行倾斜标注，即编辑线性型尺寸标注，使其尺寸界线倾斜一个角度，不再与尺寸线相垂直。常用于标注锥形图形。执行该选项，命令行提示：

Select objects：选择要编辑的尺寸标注。

Enter obliquing angle（press ENTER for none）：输入倾斜角度。

3. 利用 Dimtedit 命令更改尺寸文本位置

AutoCAD 2021 还可通过在命令行输入 Dimtedit（简捷命令 DIMTED）进行尺寸标注的编辑操作。

启动 Dimtedit 命令后，命令行将提示：

Select dimension：选择要修改的尺寸标注。

Specify new location for dimension text or ［Left/Right/Center/Home/Angle］：确定尺寸文本的新位置。各选项的含义如下：

● Left：更改尺寸文本沿尺寸线左对齐。

● Right：更改尺寸文本沿尺寸线右对齐。

● Center：将所选的尺寸文本按居中对齐。

● Home：将尺寸文本按 Dimstyle 所定义的默认位置、方向重新放置。

● Angle：旋转所选择的尺寸文本。输入 A 并按<Enter>键后，命令行将提示：

Specify angle for dimension text：输入尺寸文本的旋转角度。

4. 更新尺寸标注

用户可将某个已标注的尺寸按当前尺寸标注样式所定义的形式进行更新。AutoCAD 提供了 DIM 下的 Update（简捷命令 UP）来实现这一功能。

启动该命令后，命令行提示：

Select objects：选择要更新的尺寸标注。

Select objects：继续选择尺寸标注或按<Enter>键结束操作。

通过上述操作，AutoCAD 将自动把所选择的尺寸标注更新为当前尺寸标注样式所设置的形式。

 思考与练习

1. 执行 Point（绘点）、Line（绘线）等命令完成图 2-62 所示图形。

图 2-62　思考与练习 1 图

2. 执行 Circle（绘圆）、Line（绘线）以及 Pline（绘制多义线）命令完成图 2-63 所示图形。

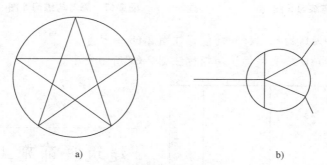

a) 　　　　　　　　　　　　　　　　　b)

图 2-63　思考与练习 2 图

3. 执行 Line（绘线）、Arc（绘弧）等命令完成图 2-64 所示图形。

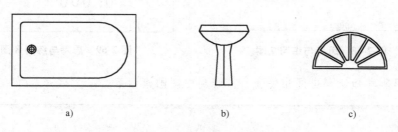

a) 　　　　　　　　b) 　　　　　　　　c)

图 2-64　思考与练习 3 图

4. 执行 Line（绘线）、Pline（绘制多义线）、Rectangle（绘制矩形）以及 Dtext 等命令完成图 2-65 所示图形。

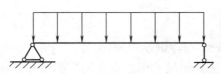 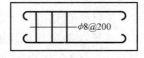

图 2-65　思考与练习 4 图

5. 执行 Bhatch（图案填充）、Line（绘线）等命令完成图 2-66 所示图形。

6. 执行 Layer（图层）、Circle（绘圆）以及 Offset（同心复制）等命令绘制图 2-67 所示图形。

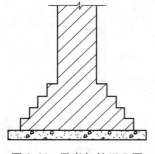 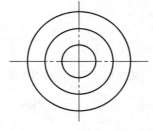 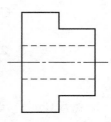

图 2-66　思考与练习 5 图　　　　　图 2-67　思考与练习 6 图

7. 利用 AutoCAD 的尺寸标注功能标注图 2-68 的尺寸。

8. 利用 AutoCAD 的文字标注功能标注图 2-69 所示文字。

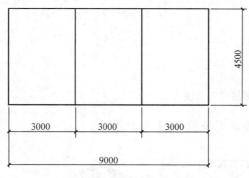

图 2-68　思考与练习 7 图

建筑装饰施工图
AutoCAD熟练绘图手
±0.000

图 2-69　思考与练习 8 图

9. 利用所学知识，查阅相关资料，绘制中国国旗图案。

第3章

绘制建筑平面图

从本章开始一直到第 6 章，我们将以"某学生宿舍楼部分施工图"（详见附录 A）为例学习绘制建筑工程图。

本章是在学习了 AutoCAD 2021 的基本知识和概念之后，真正开始进入绘制建筑工程图的实际操作过程。本章中我们将以学生宿舍楼的"底层平面图"（详见附图 A-1）为例，按照建筑制图的操作步骤及要求，引导大家运用 AutoCAD 的各种命令和技巧，学习建筑平面图的绘制，绘图过程中要注意遵循相关制图规范和法律标准。

3.1 图幅、图框、标题栏

图幅、图框、标题栏是施工图的组成部分。本节将以 A3 标准图纸格式的绘制为例，学习图幅、图框、标题栏的绘制过程，进一步熟悉 AutoCAD 的基本命令及其应用。

A3 标准图纸的尺寸、格式如图 3-1 所示。

视频：绘制 A3 图幅、图框、标题栏

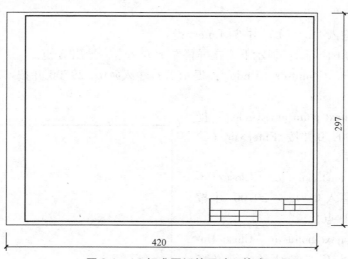

图 3-1　A3 标准图纸的尺寸、格式

3.1.1 设置绘图界限

AutoCAD 的绘图范围计算机系统没有规定。但是如果把一个很小的图样放在一个很大的绘图范围内就不太合适，也没有这个必要。所以设置绘图界限的过程，也就是买好图纸后裁图纸的过程，即根据图样大小，选择合适的绘图范围。一般来说，绘图范围要比图样稍大一些。

 操作：

① 打开 AutoCAD，在命令行输入 Limits（设置绘图界限）并按<Enter>键。

② 在 Specify lower left corner or ［ON/OFF］<0.0000，0.0000>：提示下，直接按<Enter>键。

③ 在 Specify upper right corner<420.0000，297.0000>：提示下，输入 90000，60000 并按<Enter>键。

④ 在命令行输入 Zoom（Z）并按<Enter>键。

⑤ 在 ［All/Center/Dynamic/Extents/Previous/Scale/Window/Object］<real time>：提示下，输入 A 并按<Enter>键。

这时虽然屏幕上没有发生什么变化，但绘图界限已经设置完毕，而且所设的绘图范围已全部呈现在屏幕上。

3.1.2 绘图幅线

A3 标准格式图幅尺寸为 420mm×297mm，我们利用 Line（绘线）命令以及相对坐标来绘制图幅线，采用 1∶100 的比例绘图。

 操作：

① 在命令行输入 Line（L）并按<Enter>键。

② 在 Specify first point：提示下，在屏幕左下方单击，绘出 A 点。

③ 在 Specify next point or ［Undo］：提示下，输入@0，29700 并按<Enter>键（绘出 B 点）。

④ 在 Specify next point or ［Undo］：提示下，输入@42000，0 并按<Enter>键（绘出 C 点）。

⑤ 在 Specify next point or ［Close/Undo］：提示下，输入@0，-29700 并按<Enter>键（绘出 D 点）。

⑥ 在 Specify next point or ［Close/Undo］：提示下，输入 C 并按<Enter>键（将 D 点和 A 点闭合），完成图幅。结果如图 3-2 所示。

⑦ 在命令行输入 Save 并按<Enter>键，

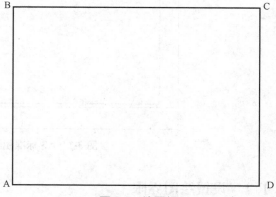

图 3-2 绘图幅

弹出保存对话框，如图 3-3 所示。

⑧ 在对话框 "File name" 右侧的文本框里输入 "底层平面图"。

⑨ 单击 **Save** 按钮，退出对话框，返回绘图屏幕。

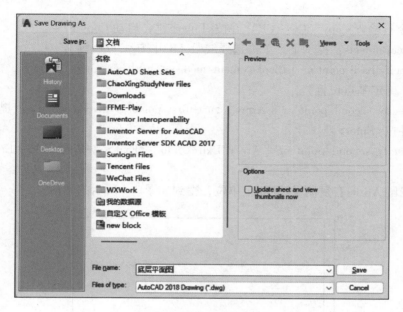

图 3-3　保存对话框

 提　示

在绘图过程中一定要养成及时存盘的好习惯，以免由于发生意外情况（如计算机死机、断电等），而丢失所绘图形。

说明：

① 为了便于掌握，在学习 AutoCAD 阶段，我们将建筑施工图的尺寸暂时分为两类：工程尺寸和制图尺寸。工程尺寸是指图样上有明确标注的、施工时作为依据的尺寸，如开间尺寸、进深尺寸、墙体厚度、门窗大小等。而制图尺寸是指国家制图标准规定的图纸规格，一些常用符号及线形宽度尺寸等，如轴线圈编号大小、指北针符号尺寸、标高符号、字体的高度、箭头的大小以及粗细线的宽度要求等。

② 采用 1∶100 的比例绘图时，我们将所有制图尺寸扩大 100 倍。如在绘图幅时，输入的尺寸是 59400×42000。而在输入工程尺寸时，按实际尺寸输入。如开间的尺寸是 3600mm，我们就直接输入 3600，这与手工绘图正好相反。

3.1.3　绘图框线

因为图框线与图幅线之间有相对尺寸，所以绘制图框时，可以根据图幅尺寸，执行 Copy（复制）命令、Trim（剪切）命令以及 Pedit（编辑多义线）命令来完成。

1. 复制图幅线

 操作：

① 在命令行输入 Copy（CO、CP）并按<Enter>键，启动 Copy 命令。

② 在 Select objects：提示下，单击选择线段 AB 并按<Enter>键。

③ 在 Specify base point or［Displacement/mode］<Displacement>：提示下，在线段 AB 附近单击左键（确定基点位置）。

④ 在 Specify second point or［Array］<use first point as displacement>：提示下，输入 @ 2500，0 并按<Enter>键。

⑤ 在 Specify second point or［Array/Exit/Undo］<Exit>：提示下按<Enter>键结束命令。

这时，线段 AB 向右复制了 2500 个单位，得到如图 3-4 所示的图形。

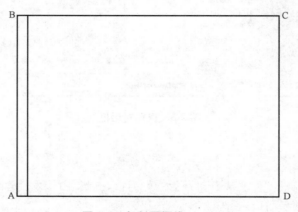

图 3-4　复制图幅线（一）

⑥ 在命令行直接按<Enter>键，重复执行复制命令。

⑦ 在 Select objects：提示下，单击选择线段 BC 后按<Enter>键。

⑧ 在 Specify base point or［Displacement/mode］<Displacement>：提示下，在 BC 附近单击。

⑨ 在 Specify second point or［Array］<use first point as displacement>：提示下，输入@ 0，-500 并按<Enter>键。

⑩ 在 Specify second point or［Array/Exit/Undo］<Exit>：提示下按<Enter>键结束命令。

这时，线段 BC 向下复制了 500 个单位。执行同样的步骤，可以将 CD 向左、AD 向上分别复制 500 个单位，得到如图 3-5 所示图形。

 说明：

① 在利用相对坐标进行复制时，复制方向与 X、Y 轴的正方向一致，输入的坐标为正值；当复制方向与 X、Y 轴的正方向相反时，输入的坐标为负值。

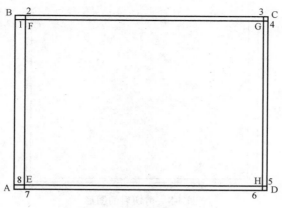

图 3-5　复制图幅线（二）

② <F8>为正交切换键，若处于正交状态，复制时可直接输入复制距离，不必输入相对坐标。

2. 剪切图线

执行 Trim（剪切）命令，将多余线段剪掉。但在剪切以前，必须将图形局部放大，以便操作。

 操作：

① 在命令行输入 Zoom（Z）并按<Enter>键。

② 在 ［All/Center/Dynamic/Extents/Previous/Scale/Window/Object］<real time>：提示下，输入 W 并按<Enter>键；单击要放大的区域。

③ 在 Specify first corner：提示下，单击要放大的区域的左下角。

④ 在 Specify opposite corner：提示下，向上、向右拖动小方框，将要放大的区域选中后单击。这样，图形的左上角部位就被放大显示在屏幕上了，如图 3-6 所示。

⑤ 在命令行输入 Trim（TR）并按<Enter>键。

⑥ 在 Select objects or<select all>：提示下，选择线段 FG、EF 并按<Enter>键。

⑦ 在 ［Fence/Crossing/Project/Edge/Erase/Undo］：提示下，分别单击线段 1、2 并按<Enter>键。这样两条小线段就被剪切掉了，得到如图 3-7 所示的图形。

⑧ 执行同样的操作步骤，将其余小线段 3、4、5、6、7、8 剪掉，得到如图 3-8 所示的图形。

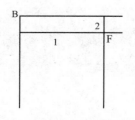

图 3-6　图形左上角放大显示

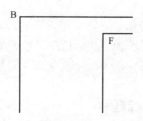

图 3-7　剪切掉线段 1、2

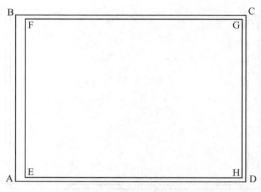

图3-8 剪切后的图形

> **提 示**
>
> ① 把光标停留在图形某一部位后，转动鼠标滚轮，也可以将图形此部位放大或缩小。
> ② 缩放图形的操作只是视觉上的变化，而图形的实际尺寸并没有改变。

3. 加粗图框线

GB/T 50104《建筑制图标准》要求图框线为粗线，宽度为0.9~1.2mm，下面执行 Pedit（编辑多义线）命令来完成线条的加粗。

 操作：

① 在命令行输入 Pedit（PE）并按<Enter>键。

② 在 Select polyline or ［Multiple］：提示下，输入 M 并按<Enter>键。

③ 在 Select objects：提示下，选择线段 EF、FG、GH、HE，并按<Enter>键。

④ 在 Convert Lines，Arcs and Splines to polylines［Yes/No］？<Y>提示下，直接按<Enter>键（将线段 EF、FG、GH、HE 变成多义线）。

⑤ 在 Enter an option［Close/Open/Join/Width/Fit/Spline/Decurve/Ltype gen/Reverse/Undo］：提示下，输入 W 并按<Enter>键。

⑥ 在 Specify new width for all segments：提示下，输入 90 并按<Enter>键（输入线宽）。

⑦ 在 Enter an option［Close/Open/Join/Width/Fit/Spline/Decurve/Ltype gen/Reverse/Undo］：提示下，直接按<Enter>键，结束命令。

这样就把线段 EF、FG、GH、HE 分别加粗，得到如图3-9所示的图形。

> **提 示**
>
> 执行 Pedit（编辑多义线）命令时，可以一次选择一条线段。加粗 EF 后，可以执行 Join 选项，连续选择 FG、GH、HE 线段，将图框线加粗，但此时这四条线已变成一个整体。

3.1.4 绘标题栏

标题栏的绘制与图框的绘制一样，也是通过复制、剪切及编辑线宽来完成的，具体作图

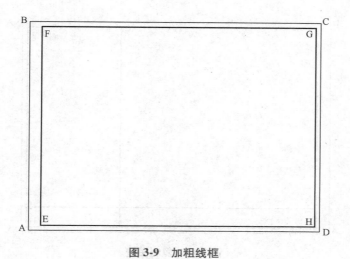

图 3-9　加粗线框

步骤如下：

1. 复制图线

操作：

① 在命令行输入 Copy（CO、CP）并按<Enter>键。

② 在 Select objects：提示下，单击选择线段 EH 并按<Enter>键。

③ 在 Specify base point or ［Displacement/mode］<Displacement>：提示下，在线段 EH 附近单击。

④ 在 Specify second point or ［Array］<use first point as displacement>：提示下，输入 @0，4000 并按<Enter>键。这样线段 EH 向上复制了 4000 个单位。

⑤ 重复执行复制命令，在 Select objects：提示下用鼠标单击选择线段 GH 并按<Enter>键。

⑥ 在 Specify base point or ［Displacement/mode］<Displacement>：提示下，在线段 GH 附近单击。

⑦ 在 Specify second point or ［Array］<use first point as displacement>：提示下，输入 @−18000，0并按<Enter>键。这样将线段 GH 向左复制了 18000 个单位，得到如图 3-10 所示的图形。

2. 剪切图线

操作：

① 在命令行输入 Trim（TR）并按<Enter>键。

② 在 Select objects or<select all>：提示下，选择线段 QJ 及 PK 并按<Enter>键。

③ 在 ［Fence/Crossing/Project/Edge/Erase/Undo］：提示下，分别单击线段 OP 和 OQ 并回车，得到如图 3-11 所示的图形。

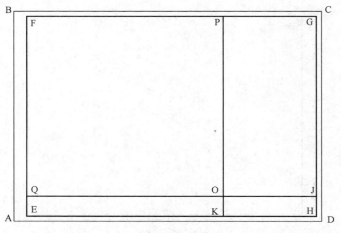

图 3-10 复制图线

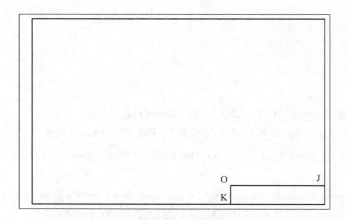

图 3-11 剪切图线

3. 编辑线宽

GB/T 50104《建筑制图标准》规定，标题栏外框线为中实线，它的宽度应为 0.45mm，那么在绘图时宽度为 0.45mm×100＝45mm。下面再用 Pedit 命令将它们的宽度改为 45mm。

 操作：

① 在命令行输入 Pedit（PE）并按<Enter>键。

② 在 Select polyline or ［Multiple］：提示下，输入 M 并按<Enter>键。

③ 在 Select objects：提示下，选择线段 OK、OJ 并按<Enter>键。

④ 在 Enter an option ［Close/Open/Join/Width/Fit/Spline/Decurve/Ltype gen/Reverse/Undo］：提示下，输入 W 并按<Enter>键。

⑤ 在 Specify new width for all segments：提示下，输入 45 并按<Enter>键。

⑥ 在 Enter an option ［Close/Open/Join/Width/Fit/Spline/Decurve/Ltype gen/Reverse/Undo］：

提示下，直接按<Enter>键，结束命令，完成操作。

　　用同样的方法可以完成标题栏内线的操作，即首先将线段 OJ、OK 向下、向右复制要求距离，将复制所得的图线变窄（即编辑线宽），再通过修剪，最后得到如图 3-1 所示的图形，完成这一节的内容。

3.1.5　保存图形并退出 CAD

　　每次绘图结束后都需要把绘好的图形保存下来，以便下次操作。

　　操作：

　　① 在命令行输入 Save，打开 Save Drawing As 对话框。

　　② 在文件名处键入"底层平面图"，用鼠标单击 **Save** 按钮。

　　③ 在命令行输入 Quit 并按<Enter>键，返回到 Windows 界面。

3.2　填写标题栏

　　文字标注是建筑工程图的重要组成部分。本节以填写标题栏为例，学习 AutoCAD 的文字字体类型设置及标注的基本方法。

视频：填写标题栏

3.2.1　定义字体样式

　　标注文本之前，必须先给文本字体定义一种样式。字体的样式包括所用的字体文件、字体大小以及宽度系数等参数。

　　操作：

　　① 在命令行输入 Open（打开图形文件命令）并按<Enter>键，打开"Select File"对话框，如图 3-12 所示。

　　② 选择"底层平面图"，单击 **Open** 按钮。

　　③ 在命令行输入 Style（ST，设置字体样式）并按<Enter>键，出现"Text Style"对话框，如图 3-13 所示。

　　④ 在"Text Style"对话框中，单击 **New...** 按钮，打开"New Text Style"对话框，如图 3-14 所示。

　　⑤ 在"New Text Style"对话框中输入字体样式名 style1，若已有则直接单击 **OK** 按钮，关闭此对话框。

　　⑥ 打开"Font Name"下拉列表框，选择"仿宋字"字体文件。

　　⑦ 在"Width Factor"选区输入 0.7（宽高比）。

　　⑧ 单击 **Apply** 按钮，查看预览结果。

　　⑨ 单击 **×** 按钮，关闭对话框，结束命令。

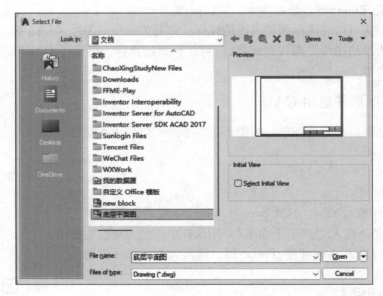

图 3-12 "Select File" 对话框

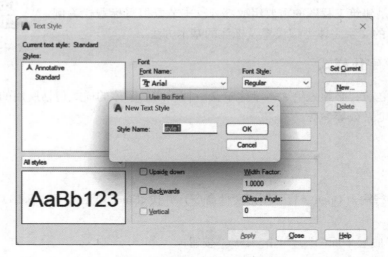

图 3-13 "Text Style" 对话框

提 示

我们可以根据自己的绘图习惯和需要，设置几个最常用的字体样式，需要时只需从这些字体样式中进行选择，而不必每次都重新设置，这样可大大提高绘图效率。

说明：

只有定义了中文字库中的字体，如宋体、楷体、仿宋体或 Big font 字体中的 HZtxt. shx 等字体文件，才能进行中文标注，否则将会出现乱码或问号。

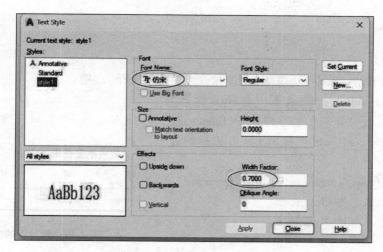

图 3-14　"New Text Style" 对话框

3.2.2　输入文字

字体样式定义完成后，就可以填写标题栏的内容了。

 操作：

① 在命令行输入 Dtext（DT，单行文本输入命令）并按<Enter>键。

② 在 Specify start point of text or ［Justify/Style］：提示下，在图标附近单击作为标注起点。

③ 在 Specify height<2.5000>：提示下，输入 1000 并按<Enter>键（输入字体高度）。

④ 在 Specify rotation angle of text<0>：提示下直接按<Enter>键（确定字体旋转角度）。

⑤ 打开中文输入法，输入"底层平面图""姓名""日期""制图"及"审核"等标题栏内其他文字，输入完成后，按<Enter>键两次结束命令。

⑥ 再把输入法改为英文状态。

结果如图 3-15 所示。

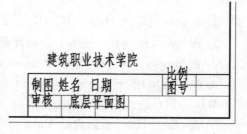

图 3-15　输入文字

 说明：

输入文字时，不同内容应该按<Enter>键或移动鼠标并单击来改变文字起始点位置，使内容不同的文字分别成为单独实体，便于以后的编辑。

3.2.3　缩放文本

以上输入的文字高度均为 1000，但标题栏内的文字大小不一，所以需要将大小不合适的文本进行缩放。

操作：

① 在命令行输入 Scale（SC，比例缩放命令）并按<Enter>键。

② 在 Select objects：提示下，选择"姓名""日期""制图"及"审核"等字样并按<Enter>键。

③ 在 Specify base point：提示下，在图标附近单击左键。

④ 在 Specify scale factor or ［Copy/Reference］：提示下，输入 0.5 并按<Enter>键。

缩放后的文本如图 3-16 所示。

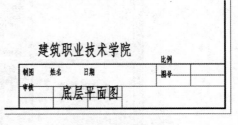

图 3-16 缩放后的文本

 说明：

① 在输入 10 号字后，也可以重新执行 Dtext 命令，输入字体高度为 500 的 5 号字体，即"姓名""日期"等内容。

② 为了提高绘图速度，通常先把图样上需要的文字及说明按照同一规格进行输入，然后再通过缩放文本、改变文本大小来满足图面需要。

3.2.4 移动文本位置

从图面上可以看到，文字大小合适了，但它们的位置不对，这时需要执行 Move（移动命令）将文字放到各自正确的位置。

 操作：

① 在命令行输入 Move（M）并按<Enter>键。

② 在 Select objects：提示下，选择某一文本并按<Enter>键。

③ 在 Specify base point or ［Displacement］<Displacement>：提示下，单击左键。

④ 命令行出现 Specify second point or<use first point as displacement>：提示后，移动鼠标将文本移动到合适的位置后单击左键。

⑤ 按<Enter>键，重新启动 Move 命令，按以上步骤将其他文本分别移动到新位置。

结果如图 3-17 所示。

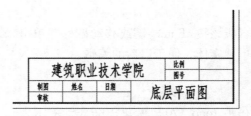

图 3-17 移动文本位置后的图形

3.3　绘制定位轴线、轴线圈并编号

3.3.1　图层设置

此前的操作都在 0 层，设置的是白颜色的实线，这是系统默认的一种选项。下面我们将设置新的图层，并将它的线型设置为红色的点画线，并将其设置为当前层。

视频：绘制定位
轴线、轴线圈
并编号

 操作：

① 在命令行输入 Layer（LA）并按<Enter>键，弹出 "Layer Properties Manager" 对话框，如图 3-18 所示。

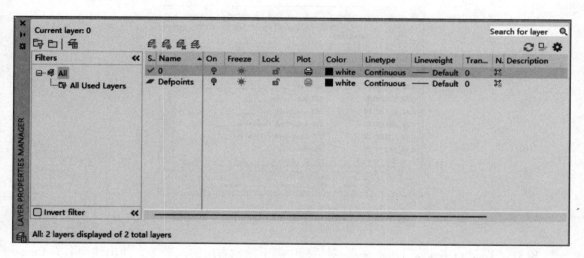

图 3-18　"Layer Properties Manager" 对话框

② 单击对话框中右上方的 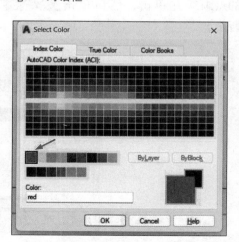 按钮。

③ 将 Name 名字框中的 layer1 改为 A。

④ 单击 A 层中 White 左边的颜色空白框，弹出 "Select Color" 对话框，如图 3-19 所示。

⑤ 在 "Select Color" 对话框中，选择区域中的红色框，单击 **OK** 按钮，关闭此对话框。

⑥ 单击 A 层中的线型名 Continuous，弹出 "Select Linetype" 对话框，如图 3-20 所示。

⑦ 单击 "Select Linetype" 对话框中的 **Load..** 按钮，弹出 "Load or Reload Linetypes" 对话框，如图 3-21 所示。

图 3-19　"Select Color" 对话框

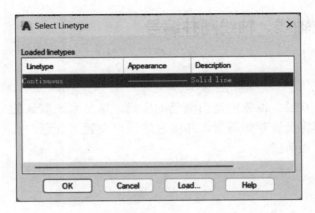

图 3-20 "Select Linetype" 对话框

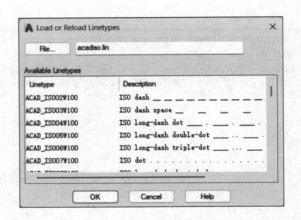

图 3-21 "Load or Reload Linetypes" 对话框

⑧ 在 "Load or Reload Linetypes" 对话框中向下拖动右边的滚动条，找出线型名为 Center 的点画线并单击，然后单击 **OK** 按钮，返回 "Select Linetype" 对话框，如图 3-22 所示。

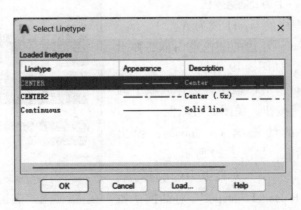

图 3-22 确定 Center 线型后的 "Select Linetype" 对话框

⑨ 在 "Select Linetype" 对话框中，选择 Center 线型，单击 **OK** 按钮，退回 "Layer Properties Manager" 对话框。

⑩ 在 "Layer Properties Manager" 对话框中，确认 A 层被选中后，单击█按钮，单击
█按钮，关闭对话框。

至此就完成了一个新图层的建立，并为它设置了线型与颜色，为下一步绘制轴线做好了准备。

 说明：

① 通过建立图层，可以将图样内容分为若干组，例如分为粗实线组、中实线组、虚线组、尺寸组等，将每组作为一层。在绘图过程中，可以随时打开或关闭某一层。被关闭的层将不再显示在屏幕上，这样可以提高目标捕捉的效率，减少错误操作的可能性。

② 通过建立图层，可以分别显示或打印不同的图层。如可以将一幢大楼的结构图、管道图、电气线路图分别绘在不同的图层上，以后可根据工作的需要分别显示或打印各图层上的图形。

3.3.2 绘制定位轴线

参看附图 A-1 底层平面图。水平轴线有 4 条，它们之间的距离分别为 5100mm、1800mm 以及 5100mm，垂直轴线有 8 条，轴间距均为 3600mm。下面分别绘制水平轴线及垂直轴线。

1. 绘制水平定位轴线

 操作：

① 在命令行输入 Line（L）并按<Enter>键。

② 在 Specify first point：提示下，在屏幕左下方单击。

③ 在 Specify next point or［Undo］：提示下，在屏幕右下方单击（切换<F8>，打开正交方式）。

④ 在 Specify next point or［Undo］：提示下，按<Enter>键结束命令。

这样绘制了一条红色的点画线，但它通常显示的不是点画线，而是实线。这是因为线型比例（Ltscale，简捷命令 LTS）不太合适，需要重新调整线型比例。

 操作：

① 在命令行输入 Ltscale（LTS）并按<Enter>键。

② 在 Ltscale Enter new linetype scale factor<1.0000>：提示下，输入 100 并按<Enter>键。

观察所绘图线，已是我们需要的点画线了。如果还不满意，可以重复执行 Ltscale 命令，输入新的比例因子，经过反复调整，达到需要的线型形状。之后，通过执行复制命令绘出其他三条水平轴线。

操作:

① 在命令行输入 Copy（CO、CP）并按<Enter>键。

② 在 Select objects：提示下，选择已经绘好的直线并按<Enter>键。

③ 在 Specify base point or［Displacement/mode]<Displacement>：提示下，单击鼠标。

④ 在 Specify second point or［Array]<use first point as displacement>：提示下，移动鼠标（保证直线垂直下落），输入 5100 并按<Enter>键。

用同样的方法，将其他两条直线复制出来，结果如图 3-23 所示。

图 3-23　绘制水平轴线

 说明:

<F8>是一个坐标正交切换控制键。在复制图线时，如果处于正交状态，那么就可以直接输入复制距离 5100，否则就必须输入相对坐标值@0，5100。

2. 绘制垂直定位轴线

绘制垂直轴线的方法也可以像绘制水平轴线那样，执行复制命令把它们一条一条绘制出来，但通过观察可以发现垂直轴线的间距都是相等的。这样我们就可以利用 Offset（偏移复制）命令，更快捷地绘出垂直轴线。

 操作:

① 执行 Line（L）命令绘制一条垂直轴线线 1。

② 在命令行输入 Offset（O）并按<Enter>键。

③ 在 Specify offset distance or［Through/Erase/Layer]<Through>：提示下，输入 3600 并按<Enter>键。

④ 在 Select object to offset or［Exit/Undo]<Exit>：提示下，选择线 1。

⑤ 在 Specify point on side to offset or［Exit/Multiple/Undo]<Exit>：提示下，在线 1 右边单击，绘出线 2。

⑥ 在 Select object to offset or［Exit/Undo]<Exit>：提示下，选择线 2。

⑦ 在 Specify point on side to offset or［Exit/Multiple/Undo]<Exit>：提示下，在线 2 右边单击，绘出线 3。

⑧ 在 Select object to offset or［Exit/Undo]<Exit>：提示下，选择线 3。

⑨ 在 Specify point on side to offset or ［Exit/Multiple/Undo］<Exit>：提示下，在线 3 右边单击，绘出线 4。

依据同样的步骤，绘出全部轴线，结果如图 3-24 所示。

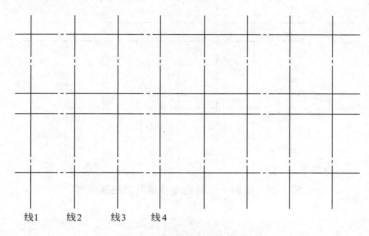

线1　　线2　　线3　　线4

图 3-24　绘制全部轴线

3.3.3　绘制轴线圈并标注轴线编号

绘制一个轴线圈并填写编号很简单，但要快速绘制很多轴线圈并填写各自的编号，就需要使用一些绘图技巧了。

1. 绘制一个轴线圈并标注编号

绘制轴线圈可以执行 Circle（绘圆）命令，绘制一个半径为 500mm 的圆，然后再执行 Dtext 命令在轴线圈里标注数字。

 操作：

① 执行 Layer（LA，图层）命令，将 0 层设为当前层。

② 在命令行输入 Circle（C）并按<Enter>键。

③ 在 Specify center point for circle or ［3P/2P/Ttr（tan tan radius）］：提示下，在轴线 1 下端点附近单击（确定圆心位置）。

④ 在 Specify radius of circle or ［Diameter］：提示下，输入 500 并按<Enter>键。

⑤ 在命令行输入 Dtext（DT）并按<Enter>键。

⑥ 在 Specify start point of text or ［Justify/Style］：提示下，在轴线圈内单击（确定文本起始位置）。

⑦ 在 Specify height<2.5000>：提示下，输入 700 并按<Enter>键（输入字体高度）。

⑧ 在 Specify rotation angle of text<0>：提示下，直接按<Enter>键（确定字体不旋转）；输入 1 并按<Enter>键两次（结束命令）。

⑨ 执行 Move（M）命令调整数字的位置，使其居于轴线圈中心。

结果如图 3-25 所示。

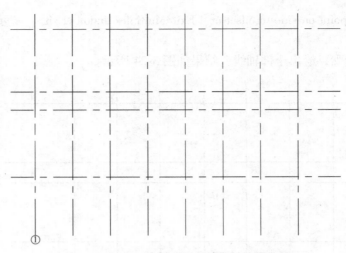

图 3-25　绘制一个轴线圈并填写轴线圈编号

> **提 示**
>
> 调整数字位置时，最好将图形局部放大，调整后再返回原来的视图。

2. 绘制全部轴线圈并标注编号

其他的轴线圈不必一一绘出，可以通过端点（End）及圆的四分点（Qua）的捕捉，将已经绘出的轴线圈进行复制，最后执行 Ddedit 命令，把轴线圈内的编号修正过来，即可完成。

（1）复制轴线圈及编号

  操作：

① 在命令行输入 Osnap（OS，对象捕捉）并按<Enter>键，弹出"Drafting Settings"对话框，如图 3-26 所示。

② 在命令行输入 Move（M）并回车。

③ 在 Select objects：提示下，选择轴线圈及其编号后按<Enter>键。

④ 在 Specify base point or［Displacement]<Displacement>：提示下，移动鼠标到轴线圈顶端，直至出现小黄框后，单击左键（确定移动基点，需要打开捕捉开关 Osnap）。

⑤ 在 Specify second point or<use first point as displacement>：提示下，移动鼠标到轴线 1 下端，直至出现小黄框后，单击左键。

⑥ 在命令行输入 Copy（CO、CP）并按<Enter>键。

⑦ 在 Select objects：提示下，单击选择轴线圈及其编号后按<Enter>键。

⑧ 在 Specify base point or［Displacement/mode]<Displacement>：提示下，捕捉轴线圈顶端。

⑨ 在 Specify second point or［Array]<use first point as displacement>：提示下，移动鼠标到轴线 2 下端，直至出现小黄框后，单击左键。

⑩ 在 Specify second point or［Array/Exit/Undo]<Exit>：提示下，移动鼠标到轴线 3 下端，直至出现小黄框后，单击左键。

⑪ 执行同样的操作完成其他轴线圈编号后，结束命令。

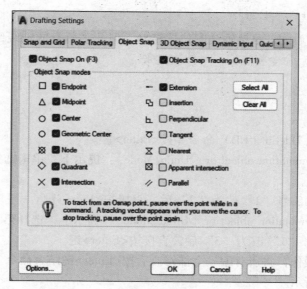

图 3-26　"Drafting Settings" 对话框

结果如图 3-27 所示。

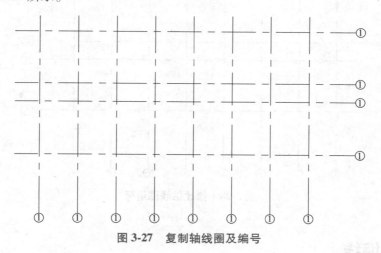

图 3-27　复制轴线圈及编号

提　示

① 右键单击屏幕状态行的 "Object Snap" 选项，在弹出的菜单中单击 "Object Snap Settings" 选项，也可以打开此对话框。

② 为了方便绘图，可在此对话框中勾选常用的命令，如 Endpoint（端点）、Quadrant（圆的四分点）、Midpoint（中点）、Intersection（交点）等。

提　示

复制垂直轴线圈时必须重新执行 Copy 命令，当出现 Specify base point or ［Displacement/mode］<Displacement>时，选择的是轴线圈最左边的四分点，其他步骤均相同。

（2）修改轴线编号

从图 3-27 上可以看到，虽然轴线圈位置精确，但几乎所有的轴线编号都不对，下面执行 Ddedit（文本编辑）命令将它们一一修改过来。

操作：

① 在命令行输入 Ddedit（ED）命令并按<Enter>键。

② 在 Select an annotation object or ［Undo/Mode］：提示下，单击选择第 2 个轴线圈内的数字 1。

③ 将对话框中的编号"1"改为"2"后，直接按<Enter>键。

④ 在 Select an annotation object or ［Undo/Mode］：提示下，选择第 3 个轴线圈内的数字 1，将对话框中的编号"1"改为"3"后，直接按<Enter>键。

⑤ 执行同样的操作，将所有编号全部修改后按<Enter>键结束命令。

结果如图 3-28 所示。

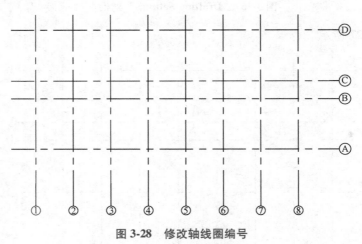

图 3-28　修改轴线圈编号

3.4　绘制墙线

3.4.1　绘制一条墙线

参看附录 A 附图 A-1（底层平面图），内墙厚度为 240mm，外墙厚度为 370mm。墙线为粗实线。执行 Pline（绘制多义线）命令，先绘制一条与轴线 1 局部重叠的粗实线。

视频：绘制墙线

在绘制墙线以前，有必要在图层管理器中新建一个墙线所在的图层（B 层），这样便于我们管理图形文件。可以把墙线所在的图层颜色设置为黄色，线形设置为 Continuous。具体的设置方法参照上一节中的内容，然后把 B 层设置为当前图层。

操作:

① 在命令行输入 Pline（PL）并按<Enter>键。

② 在 Specify start point：提示下，移动鼠标到轴线 1 的上端，出现小黄框之后，单击左键。

③ 在 Specify next point or ［Arc/Halfwidth/Length/Undo/Width］：提示下，输入 W 并按<Enter>键（设置线宽）。

④ 在 Specify starting width<0.0000>：提示下，输入 90 并按<Enter>键（设置起始宽度）。

⑤ 在 Specify ending width<90.0000>：提示下，直接按<Enter>键（设置末端宽度）。

⑥ 在 Specify next point or ［Arc/Halfwidth/Length/Undo/Width］：提示下，垂直向下拖动鼠标，单击左键（注意切换<F8>成正交状态）。

⑦ 在 Specify next point or ［Arc/Close/Halfwidth/Length/Undo/Width］：提示下，直接按<Enter>键，结束命令。

结果如图 3-29 所示。

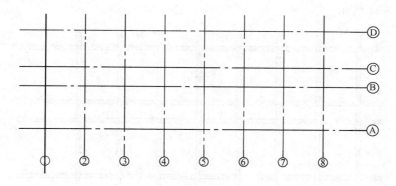

图 3-29 绘制一条墙线

> **提 示**
>
> 为了将来选择方便，绘 Pline 时最好让它比轴线长一些。

3.4.2 绘制其他墙线

 操作:

① 执行 Offset（O）命令，将墙线 1 复制成如图 3-30 所示图形。

② 执行 Move（M）命令，将所有与轴线重合的墙线向左偏移 120（C 窗选择所有墙线）。

③ 执行 Copy（CO、CP）命令，将所有墙线向右复制 240。

④ 将 1、8 轴外墙线分别向外偏移 130，形成 370 墙。

⑤ 绘一条与 A 轴部分重叠的墙线（方法与绘墙线 1 相同）。

⑥ 执行 Copy（CO、CP）命令，把墙线 A 复制到 B 轴、C 轴及 D 轴上。

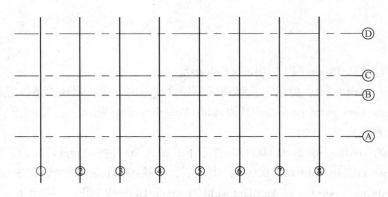

图 3-30　将墙线 1 复制后的图形

⑦ 将 A、B、C、D 轴的墙线一起向下偏移 120。

⑧ 将偏移后的墙线再一起向上复制 240。

⑨ 将 A 轴、D 轴的外墙线分别向外偏移 130，形成 370 墙。

结果如图 3-31 所示。

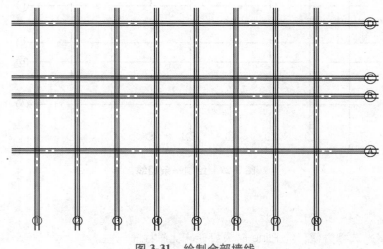

图 3-31　绘制全部墙线

提　示

① 绘制墙线的方法有多种，如可用多重复制、镜像等命令完成。

② 选择实体的方法有三种：直接点取、W 窗选和 C 窗选。本节在选择所有墙线进行偏移或复制时，宜用 C 窗选，详见第 2 章。

3.5　绘制门窗

门窗及其标注在建筑工程平面图中数量非常多，本节通过几个 AutoCAD 命令的组合应用，可以非常方便快捷地完成门窗的绘制。

3.5.1 绘制一个窗洞线

观察附图 A-1（底层平面图），可以看到 A 轴及 D 轴的窗户居中，并整齐排列，这样只要将一个窗洞线绘出，其他窗洞线就可以通过执行 Array（阵列）命令绘出。

视频：绘制门窗

 操作：

① 将 1 轴内墙线向右复制 930 成为线 A。

② 将线 A 再向右复制 1500 成为线 B。

③ 执行 Zoom（Z）命令的 W 选项，将左上方的窗户部位局部放大，如图 3-32a 所示。

④ 将 D 轴的两条墙线与线 A、线 B 互相剪切成如图 3-32b 所示的样子。

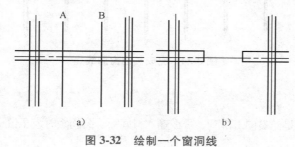

图 3-32 绘制一个窗洞线

> **提 示**
>
> 如果在剪切图线时，不小心剪错了，可执行 Undo 命令回退，重新剪切。

3.5.2 完成其他窗洞线

其他窗洞线可以通过执行 Array（阵列）命令，将短线 A、B 阵列来完成。

 操作：

① 在命令行输入 Array（AR）并按<Enter>键。

② 在 Select objects：提示下，选择短线 A、B 后按<Enter>键。

③ 在 Enter array type［Rectangular/Path/Polar]<Path>：提示下，输入 R 并按<Enter>键。

④ 此时工作界面功能区切换到"Array"选项卡，在选项卡进行图 3-33 中的设置。

图 3-33 "Array"对话框

⑤ 完成设置后，单击"Close Array" ✕ 按钮，结果如图 3-34 所示。

可以看到 A 轴、D 轴外墙上的每一个开间都有了窗洞线。

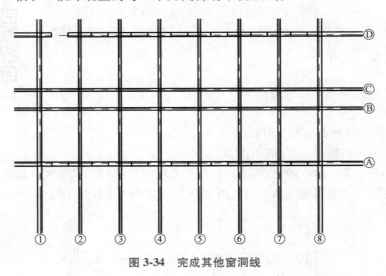

图 3-34 完成其他窗洞线

> **提 示**
>
> 阵列时，如果是向右向上阵列，那么输入行间距、列间距时为正值；反之，则输入负值。

3.5.3 绘制门洞线

因为几乎所有的门都居中，且排列整齐，所以绘制门洞线的方法与绘制窗洞线的方法相同。

 操作：

① 将 2 轴墙体的右墙线向右复制 1180。

② 再将新复制的线向右复制 1000。

③ 执行 Zoom 命令的 W 选项，将 2~3 轴的门洞附近局部放大。

④ 将新复制的两条线与 B、C 轴线的墙线互相剪切成如图 3-35 所示的样子。

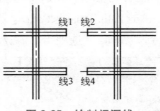

图 3-35 绘制门洞线

⑤ 将门洞短线 1、2、3、4 一起阵列，一行六列，列间距为 3600。

结果如图 3-36 所示。

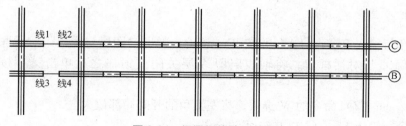

图 3-36　门洞短线阵列结果

3.5.4　墙线修剪

门洞线、窗洞线绘制好了，但门窗洞并没有真正"打开"，而且墙体节点处都不对，必须对它们一一进行修剪。因为剪切范围较大，所以可以将局部放大剪切之后，再平移视窗，再剪切，直至完成全部剪切任务，结果如图 3-37 所示。

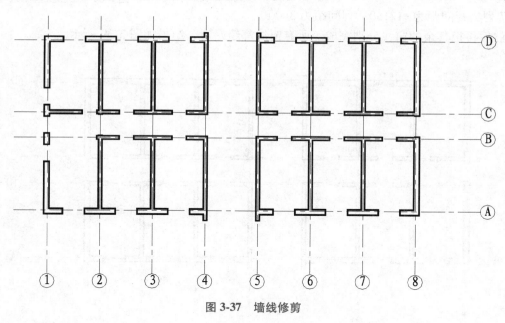

图 3-37　墙线修剪

> **提　示**
>
> ① 局部缩放图形，可以用 Zoom 命令的 W、P 选项，也可以使用鼠标滑轮。
> ② 第一开间的门开洞及墙线剪切必须根据图样上的细部尺寸单独进行。

3.5.5　绘制窗线并标注编号

每组窗线由 4 条细线组成，先将这 4 条线通过执行 Line 命令及 Copy 命令绘出后，再执行 Array 命令将它们阵列，完成所有窗线。

操作：

① 在命令行输入 Layer（LA）并按<Enter>键，弹出"图层与线型"对话框。

② 在"Layer"对话框里，将轴线层即 A 层关闭或锁住之后单击 **OK** 按钮，关闭对话框。

③ 执行 Zoom（Z）命令的 W 选项，将左上角的开间局部放大。

④ 在命令行输入 Line（L）并按<Enter>键。

⑤ 在 Specify first point：提示下，捕捉 A 点。

⑥ 在 Specify next point or ［Undo］：提示下，捕捉 B 点，完成线 AB 的绘制。

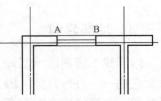

⑦ 执行 Offset（O）命令将 AB 线复制 3 次，复制距离分别为 150、70 以及 150，形成一组窗线，如图 3-38 所示。

图 3-38　绘左上角窗线

⑧ 执行 Array（A）命令，将这一组线全选上进行阵列，2 行 7 列，行间距为-12130，列间距为 3600。

然后再把其余的窗线分别完成。所有窗线都绘好后，结果如图 3-39 所示。

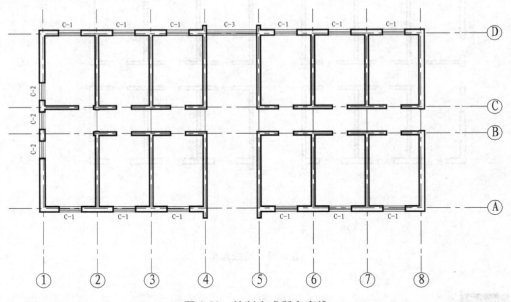

图 3-39　绘制完成所有窗线

> **提　示**
>
> 　　窗编号 C-1 也可以通过以下方法来完成，即先在左上角窗线上方用 Dtext 命令将第一个编号标出，再执行 Array 命令将其阵列为 1 行 7 列，绘出一边窗户的窗号。如与之对应的另一边窗号相同，可一次选择所有窗号将其复制到合适的位置。

3.5.6 删除多余实体

观察图 3-39，发现有许多没用的线段，可以执行 Erase（删除）命令，将它们及时删掉。

 操作：

① 在命令行输入 Erase（E）命令并按<Enter>键。

② 在 Select objects：提示下，单击选择或窗选要删除的线条，然后按<Enter>键。

> **提 示**
>
> 在不执行任何命令的状态下，单击要删除的实体，之后按键盘上的<Delete>键，也可完成删除实体的操作。

3.5.7 绘制门线、开启线并标注编号

从附录 A 附图 A-1 上可以看到，门由三部分组成：门线、开启线及门的编号。门线是一条长为 1000mm 的中实线，可以执行 Pline（绘多义线）命令完成。开启线是一条弧线，可执行 Arc（绘弧）命令完成。门的编号 M-1 执行 Dtext（文字标注）命令来完成。

1. 绘制门线

 操作：

① 执行 Zoom（Z）命令的 W 选项，将 2~3 轴的走廊部分局部放大。

② 确认 "Drafting Settings" 对话框中 "Indpoint" 已勾选。

③ 在命令行输入 Pline（PL）命令并按<Enter>键。

④ 在 Specify start point：提示下，单击捕捉 A 点。

⑤ 切换<F8>将拖出的线改为自由角度状态。

⑥ 在 Specify next point or ［Arc/Halfwidth/Length/Undo/Width］：<Ortho on>提示下，输入 W 并按<Enter>键。

⑦ 在 Specify starting width<90.0000>：提示下，输入 45 并按<Enter>键。

⑧ 在 Specify ending width<45.0000>：提示下，直接按<Enter>键。

⑨ 在 Specify next point or ［Arc/Halfwidth/Length/Undo/Width］：提示下，输入@1000<45 并按<Enter>键两次，结束命令。

结果如图 3-40 所示。

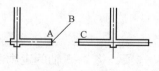

图 3-40 绘制门线

2. 绘制门的开启线并标注编号

操作：

① 在命令行输入 Arc（A）并按<Enter>键（启动 Arc 命令）。

② 在 Specify start point of arc or ［Center］：提示下，输入 C 并按<Enter>键（用圆心方式绘制弧）。

③ 在 Specify center point of arc：提示下，捕捉 A 点后单击（作为弧的圆心）。

④ 在 Specify start point of arc：提示下，捕捉 C 点后单击（确定弧的起点）。

⑤ 在 Specify end point of arc（hold Ctrl to switch direction）or ［Angle/chord Length］：提示下，捕捉 B 点后单击（作为弧的终点）。

⑥ 执行 Dtext（DT）命令将 M-1 标出，如图 3-41 所示。

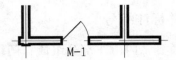

图 3-41　绘制单个门的开启线并标注编号

⑦ 启动 Array（AR）命令，选择门线、开启线、编号 M-1，一起阵列为 1 行 6 列，列间距为 3600。

⑧ 删掉楼梯间的多余线段。

结果如图 3-42 所示。

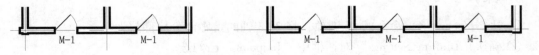

图 3-42　阵列生成门的开启线及编号

提　示

① 门线 AB 也可执行 Line 命令绘出，再用 Pedit 命令将其宽度改为 45。

② 门编号 M-1 的字母必须大写，大小写切换键为<Caps Lock>。

3. 镜像门线及门的开启线

从附图 A-1 上可以看到，B 轴墙上的门线之所以不能和 C 轴的一起阵列出来，是因为它们的开启方向相反。这时可以通过 Mirror（镜像命令）来完成 B 轴墙上的门线的绘制任务。

操作：

① 执行 Zoom（Z）命令的 W 选项，将 2~3 轴的走廊部分放大。

② 将 C 轴的门线及开启线向下复制 1800，如图 3-43a 所示。

③ 在命令行输入 Mirror（MI）并按<Enter>键。

④ 在 Select objects：提示下，选择 B 轴上的门线及开启线后按<Enter>键。

⑤ 在 Specify first point of mirror line：提示下，移动光标，单击 E 点。

⑥ 在 Specify second point of mirror line：提示下，单击 F 点（以 EF 为镜像线）。

⑦ 在 Erase source objects？［Yes/No］<No>：提示下，输入 Y 并按<Enter>键。

结果如图 3-43b 所示。虽然现在已变成向里开的门，但方向还是不对，需要以 EF 的中垂线为镜像线，再次镜像。

⑧ 在命令行直接按<Enter>键，重复执行 Mirror 命令。

⑨ 在 Select objects：提示下，选择要镜像的门线及开启线并按<Enter>键。

⑩ 在 Specify first point of mirror line：提示下，移动光标至 EF 的中点附近，在小黄三角框出现后单击。

⑪ 在 Specify second point of mirror line：提示下，切换<F8>，垂直向下拖动光标后单击。

⑫ 在 Erase source objects？［Yes/No］<No>：提示下，输入 Y 并按<Enter>键。结果如图 3-43c 所示。

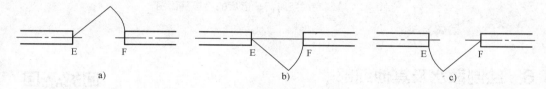

图 3-43　镜像门线及门的开启线

⑬ 执行 Erase（E）命令删掉 EF 线，再将新镜像过来的门线、开启线阵列，最后再将 M-1 复制到合适位置，结果如图 3-44 所示。

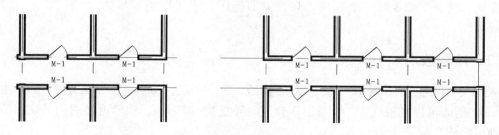

图 3-44　阵列新镜像过来的门线、门的开启线并复制编号

当把主要的门、窗线都完成后，就可以进行一些细部的修改，如绘制门厅部位的门、楼梯间的窗户以及台阶等。

提　示

① 门厅部分的门的绘制与上述方法一样，可执行 Line 和 Arc 命令完成。

② 卫生间的门可单独绘制，也可以通过复制其他门，再镜像来完成。最终如图 3-45 所示，完成本节内容。

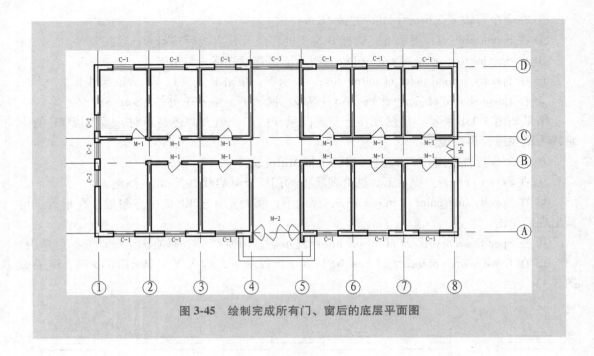

图 3-45　绘制完成所有门、窗后的底层平面图

3.6　绘制散水及其他细部

视频：绘制散水
及其他细部

本节以前，附图 A-1 底层平面图整体框架已经完成。本节将继续完善底层施工平面图，通过一些细节（散水、标高、指北针符号）的绘制，进一步学习 AutoCAD 常用命令的各种运用技巧。细心的读者可能会发现，同一个命令同一个选项，只要灵活运用，就能得到事半功倍的效果。

3.6.1　绘制散水

从附图 A-1 上可以看到，散水为细实线，距外墙边 800mm，那么距最近的轴线为 1050mm。所以可以把轴线 1、8、A、D 分别向外复制 1050mm，然后再将它们剪切，改变图层，则可完成目标。

 操作：

① 执行 Offset（O）命令，将 1 轴轴线向左复制 1050，8 轴轴线向右复制 1050，A 轴轴线向下复制 1050，D 轴轴线向上复制 1050。

② 在命令行输入 CH 并按<Enter>键，启动属性管理器命令，弹出 "Properties" 对话框，如图 3-46 所示。

③ 选择刚复制出来的 4 条点画线，单击此对话框中的 Layer 命令（图 3-47），选择对话框中 0 层后按<Enter>键，退回到 "Properties" 对话框。

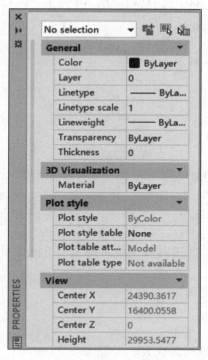

图 3-46　"Properties" 对话框

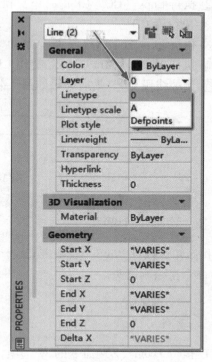

图 3-47　选择 Layer 中的 0 层

④ 再单击 "Properties" 对话框中的 ⊠ 按钮，关闭对话框。这样红色的点画线已变成白色的实线。

⑤ 执行 Zoom 命令的 W 选项，将一个墙角放大后，两条散水线互相剪切。

⑥ 执行 Line 命令，连接 AB，形成散水坡线，如图 3-48 所示。

⑦ 再将其他三个墙角分别放大，执行与上述同样的操作，最后完成散水线的绘制。

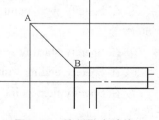

图 3-48　绘制散水坡线

> **提　示**
>
> 散水线的绘制方法有多种，如可以将墙线向外复制，执行 Pedit（编辑多义线）命令将其改细，再执行 Extend（延伸）命令，将它们相交等。

3.6.2　绘制标高符号

绘制标高符号的方法有多种，下面介绍其中的一种。

操作：

① 执行 Line（L）命令，绘制一条水平直线 AB。

② 执行 Copy（CO、CP）命令，利用相对坐标@ 300，–300 将线段 AB 向下、向右复制 300，生成线段 CD。

③ 执行 Line 命令连接点 A、C。

④ 执行 Mirror（MI）命令绘制出 CE，如图 3-49a 所示。

⑤ 删掉线段 CD。最后结果如图 3-49b 所示。

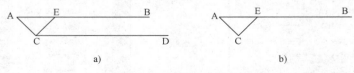

图 3-49　绘制标高符号

3.6.3　绘制一个箭头

我们知道执行 Pline（绘制多义线）命令绘线时，能随时改变线条的宽度，因此可利用 Pline 命令来绘制箭头。

　操作：

① 执行 Zoom（Z）命令的 W 选项，将盥洗间部位局部放大。

② 在命令行输入 Pline（PL）并按<Enter>键。

③ 在 Specify start point：提示下，单击室内某一点。

④ 在 Specify next point or ［Arc/Halfwidth/Length/Undo/Width］：提示下，输入 W 并按<Enter>键。

⑤ 在 Specify starting width<90.0000>：提示下，输入 0 并按<Enter>键（起始宽度）。

⑥ 在 Specify ending width<0.0000>：提示下，输入 100 并按<Enter>键（终止点宽度）。

⑦ 在 Specify next point or ［Arc/Halfwidth/Length/Undo/Width］：提示下，输入 L（设置长度）。

⑧ 在 Specify length of line：提示下，输入 400 并按<Enter>键（输入长度）。

⑨ 在 Specify next point or ［Arc/Close/Halfwidth/Length/Undo/Width］：提示下，输入 W 并按<Enter>键（重新设置宽度）。

⑩ 在 Specify starting width<100.0000>：提示下，输入 0 并按<Enter>键。

⑪ 在 Specify ending width<0.0000>：提示下，直接按<Enter>键。

⑫ 在 Specify next point or ［Arc/Close/Halfwidth/Length/Undo/Width］：提示下，切换<F8>后保证线处于垂直或水平状态，拖动鼠标直至细线具有一定长度后，单击结束命令。

结果如图 3-50 所示。

提　示

绘出箭头的三角端后，不能马上拖动鼠标单击，必须重新设定线宽为 0，再拖鼠标单击，否则会出现如图 3-51 所示的情况。

图 3-50　绘制一个箭头　　　　图 3-51　未重新设定线宽的情况

3.6.4　绘制指北针符号

GB/T 50104《建筑制图标准》规定，指北针的外圈直径为 24mm，内接三角形底边宽度为 3mm。绘制指北针符号，外圈可执行 Circle（绘圆）命令，内接三角形可继续用 Pline 命令来完成。

操作：

① 执行 Zoom（Z）命令的 W 选项，将整个图的右下角部分局部放大。

② 执行 Circle（C）命令，绘一个半径 R = 1200 的圆。

③ 在命令行输入 Pline（PL）并按<Enter>键。

④ 在 Specify start point：提示下，移动光标捕捉圆的顶端后单击。

⑤ 在 Specify next point or［Arc/Halfwidth/Length/Undo/Width］：提示下，输入 W 并按<Enter>键。

⑥ 在 Specify starting width<0.0000>：提示下，输入 0 并按<Enter>键。

⑦ 在 Specify ending width<0.0000>：提示下，输入 300 并按<Enter>键。

⑧ 在 Specify next point or［Arc/Halfwidth/Length/Undo/Width］：提示下，垂直向下拖动光标捕捉圆的下端后单击，按<Enter>键结束命令。

⑨ 执行 Dtext（DT）命令将字母"N"标出。

结果如图 3-52 所示。

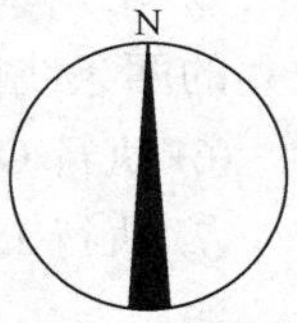

图 3-52　指北针符号

提　示

也可以用 Pline 命令，直接输入 Starting width = 0、Ending width = 300，Length = 2400 完成内接三角形。

3.6.5　绘制楼梯间

底层楼梯间的详细尺寸如附图 A-5 所示，踏步由一组等距离的平行线组成。平行线间距为 300mm。可以执行 Offset（偏移复制）命令来完成这组平行线，之后再通过 Trim（剪切）命令完成任务。

1. 绘制踏步起始线及梯井

操作：

① 执行 Zoom（Z）命令的 W 选项，将楼梯间局部放大。

② 执行 Line（L）命令，利用端点捕捉，连接 AB（作辅助线）。

③ 执行 Offset（O）命令，将 AB 线垂直向上复制 500 成为 CD 直线（踏步起点）。

④ 执行 Line（L）命令，利用中点捕捉，绘出 CD 的中垂线 OE。

⑤ 执行 Move（M）命令，将 OE 向左移动 80，再执行 Offset 将移动后的 OE 向右偏移 160，形成 FG 线（即梯井宽 160），如图 3-53 所示。

⑥ 执行 Trim（TR）命令，将 CO 线段剪掉。

2. 绘制踏面线

现在只需执行 Offset 命令将 OD 线段平行向上复制，即可形成踏面，但 GO、GD 这两段线是连接在一起的，必须先执行 Break（折断）命令，将其断开，再进行平行复制。

操作：

① 在命令行输入 Break（BR）并按<Enter>键。

② 在 Select object：提示下，单击选择 OD 线段。

③ 在 Specify second break point or［First point］：提示下，输入 F 并按<Enter>键。

④ 在 Specify first break point：提示下，捕捉 G 点后单击。

⑤ 在 Specify second break point：提示下，再次捕捉 G 点后单击，这样 OG、GD 就成为独立的两条线段了。

⑥ 执行 Offset（O）命令，将 GD 线段向上复制 7 次，输入间距为 300。

⑦ 执行 Line（L）命令，绘制一条较长的 45°斜线，如图 3-54 所示。

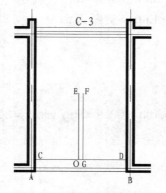

图 3-53 绘制踏步起始线及梯井

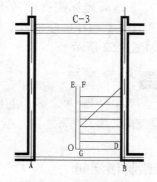

图 3-54 绘制踏面线

3. 剪切多余线段，完成其他细部

操作：

① 在命令行输入 Trim（TR）并按<Enter>键。

② 在 Select objects or <select all>：提示下，单击选择 GF 线段，45°斜线、5 轴的左墙线后按<Enter>键。

③ 在 Select object to trim or shift-select to extend or［Fence/Crossing/Project/Edge/Erase/

Undo］：提示下，单击分别选择长出的线段，将其剪掉。

④ 执行 Line（L）命令在 45°斜线上绘折断符号，并用 Trim（TR）命令修剪。

⑤ 执行 Copy（CO、CP）命令将盥洗间的箭头复制到楼梯间。

⑥ 在命令行输入 Rotate（RO，旋转）命令并按<Enter>键。

⑦ 在 Specify objects：提示下，选择箭头并按<Enter>键。

⑧ 在 Specify base point：提示下，移动光标捕捉箭头底端。

⑨ 在 Specify rotation angle or ［Copy/Reference］<0>：提示下，输入 - 180°（逆时针旋转 180°）。

⑩ 调整箭头位置，标注文本。绘制盥洗间及厕所的所有细部，结果如图 3-55 所示。

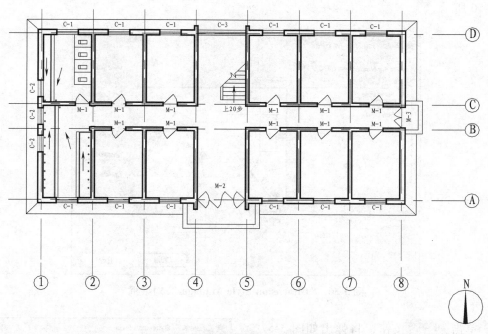

图 3-55　绘制完成楼梯间的底层平面图

说明：

① 旋转角度有正负之分，顺时针旋转为负，逆时针旋转为正。

② 旋转角度为 90°、180°、270°时，可用<F8>通过移动鼠标完成。

3.7　标注尺寸

本节将就建筑工程平面图尺寸标注参数的设置及操作步骤进行具体介绍。本节尺寸标注参数是在结合 GB/T 50104《建筑制图标准》及实际操作中得到的经验数值，希望大家牢记。

视频：标注尺寸

3.7.1 设置尺寸标注样式

在标注尺寸之前，我们应该首先利用"Dimension Style Manager"对话框设置一个尺寸标注样式，这种样式必须满足《建筑制图标准》的要求。设置尺寸标注样式的命令为Ddim。

 操作:

① 在命令行输入 Ddim（D）并按<Enter>键，弹出"Dimension Style Manager"对话框，如图 3-56 所示。

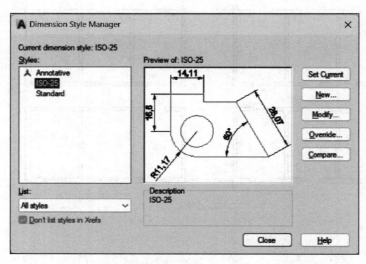

图 3-56 "Dimension Style Manager"对话框

② 单击 New... 按钮，将弹出如图 3-57 所示的"Create New Dimension Style"对话框，用该对话框可创建新的尺寸样式。将"New Style Name"一栏中的内容改为"建筑制图"，表明该尺寸样式是以"ISO-25"为样板，适用于所有类型的尺寸。

③ 单击"Create New Dimension Style"对话框中的 Continue 按钮，进入"New Dimension Style: 建筑制图"对话框，并在当

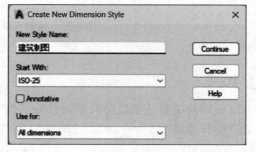

图 3-57 "Create New Dimension Style"对话框

前 Lines 选项卡中进行尺寸线、尺寸界限的设置，如图 3-58 所示。

④ 单击 Symbols and Arrows 选项卡，进行尺寸起止符号等的设置，如图 3-59 所示。

⑤ 单击 Text 选项卡，设置尺寸数字的字体格式、位置及对齐方式等，如图 3-60 所示。

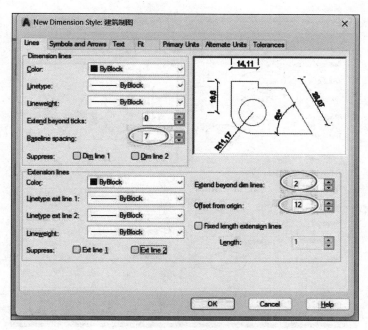

图 3-58 "Lines"选项卡

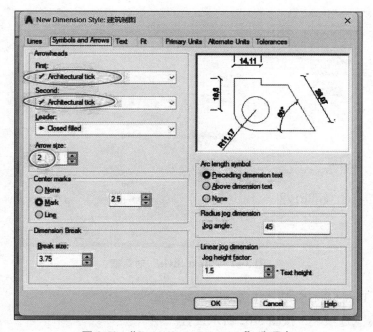

图 3-59 "Symbols and Arrows"选项卡

⑥ 单击"Text Style"右边的 ⋯ 按钮，弹出如图 3-61 所示对话框。

⑦ 将此对话框中的 Height（字高）设为 0，Width Factor（宽高比）设为 0.7，将 Font Name（字体）设置为仿宋字体，之后单击 Apply 按钮，再单击 ✕ 按钮，关闭此对话

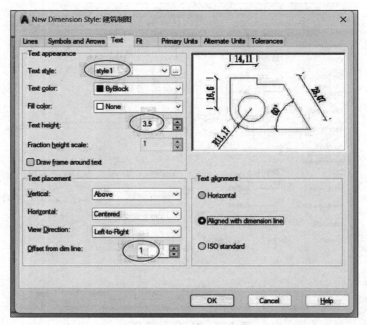

图 3-60 "Text"选项卡

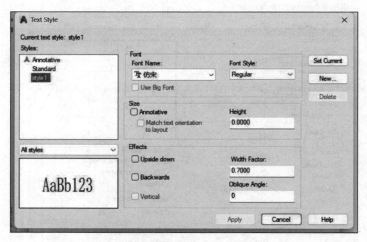

图 3-61 "Text Style"对话框

框，返回"New Dimension Style：建筑制图"对话框。

⑧ 单击 Fit 选项卡，按图 3-62 所示设置。

⑨ 单击 Primary Units 选项卡，设置主要单位的格式及精度，如图 3-63 所示。

⑩ 绘制建筑工程图时，可以忽略 Alternate Units （换算单位）选项卡和 Tolerances （公差）选项卡的设置。每一步设置完成后，单击 OK 按钮，最后返回"Dimension Style Manager"对话框，单击 Set Current 按钮设"建筑制图"为当前样式。

⑪ 单击 ✕ 按钮，关闭该对话框，完成尺寸标注样式的设置。

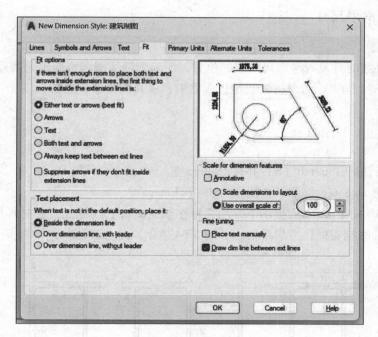

图 3-62 "Fit" 选项卡

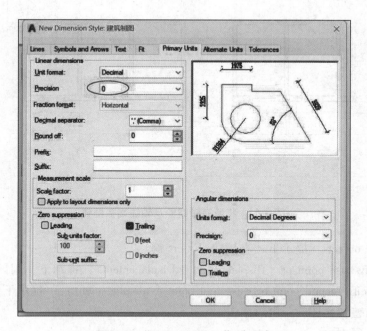

图 3-63 "Primary Units" 选项卡

　　这样就完成了一个名为"建筑制图"的尺寸标注样式的设置,下面就可以用这个标注样式进行尺寸标注了。

3.7.2 标注水平尺寸

1. 拉伸轴线

前面绘制轴线时并没有考虑尺寸线的位置，而导致轴线圈与墙线距离太近或太远，这时可以执行 Stretch（拉伸）命令将轴线拉长或缩短，将其调整到合适的长度。

 操作：

① 在命令行输入 Stretch（S）并按<Enter>键。

② 在 Select objects：提示下，输入 C 并按<Enter>键。

③ 在 Specify first corner：提示下，用鼠标在轴线圈右下方单击，向左上方拖出方框，将所有轴线圈及轴线端头框住之后单击，如图 3-64 所示。

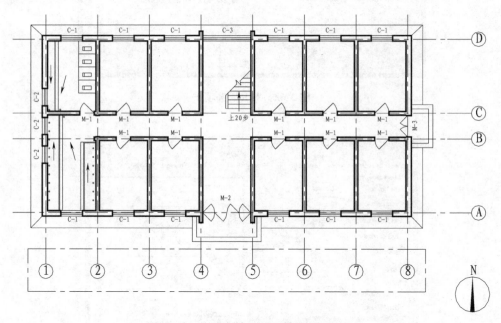

图 3-64　将所有轴线圈及轴线端头框住

④ 在 Select objects：提示下，直接按<Enter>键。

⑤ 在 Specify base point or［Displacement]<Displacement>：提示下，用鼠标单击。

⑥ 在 "Specify second point or <use first point as displacement>:" 提示下，垂直向下拖动鼠标，将轴线调整到合适的长度后单击。

结果如图 3-65 所示。

2. 标注前准备

水平尺寸线共有三道。GB/T 50104《建筑制图标准》规定，最里边一道尺寸线距最外的台阶线之间的距离不宜小于 10mm，三道尺寸线之间的距离应为 7~10mm。为了确保这一点，在标注尺寸之前，应先给三道尺寸线确定参考位置。

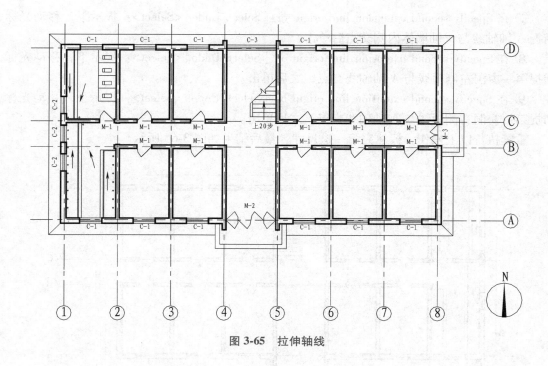

图 3-65　拉伸轴线

操作：

① 将 A 轴轴线向下复制 3000，称之为线 E，作为第一道尺寸线的参考位置。

② 执行 Osnap（OS）命令，弹出 Drafting Settings 对话框。

③ 去掉其他的捕捉选项之后，勾选 Intersection（交点捕捉），关闭该对话框。

④ 执行 Layer（LA）命令，设置一个新图层，名为"尺寸标注层"，并将其设为当前层。

3. 标注第一道尺寸

操作：

① 在命令行输入 Dimlinear（DLI）并按<Enter>键。

② 在 Specify first extension line origin or <select object>：提示下，移动光标，捕捉 A 轴轴线与 1 轴外墙线的交点后单击。

③ 在 Specify second extension line origin：提示下，移动光标，捕捉 A 轴轴线与 1 轴轴线的交点后单击。

④ 在 Specify dimension line location or ［Mtext/Text/Angle/Horizontal/Vertical/Rotated］：提示下，输入 H，确认使用水平标注。

⑤ 在 Specify dimension line location or ［Mtext/Text/Angle］：提示下，向下拖动鼠标捕捉 1 轴轴线与辅助线 E 的交点后单击（确定尺寸线的位置）。

⑥ 在命令行输入 Dimcontinue（DCO）并按<Enter>键（执行连续标注）。

⑦ 在 Specify second extension line origin or［Select/Undo］<Select>：提示下，移动光标，捕捉 A 轴轴线与 1 轴墙体内侧交点后单击。

⑧ 在 Specify second extension line origin or［Select/Undo］<Select>：提示下，移动光标，捕捉第一窗洞左侧短线与 A 轴轴线交点，之后单击。

⑨ 在 Specify second extension line origin or［Select/Undo］<Select>：提示下，移动光标，捕捉第一窗洞右侧短线与 A 轴轴线交点，之后单击。

重复执行以上操作，标注完第一道尺寸，最后结果如图 3-66 所示。

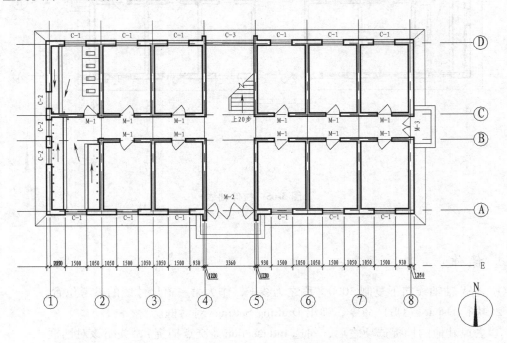

图 3-66　标注第一道尺寸

> **提 示**
>
> 如果出现尺寸数字 "1050" 用引出线标在其他位置时，可执行 Style（ST）命令，打开 "Text Style" 对话框。适当减小 Width Factor 值，直至 "1050" 回到两尺寸线之间。

4. 标注第二、第三道尺寸

对于第二道尺寸的标注，因为在尺寸标注的设置里已经对基线标注的两尺寸线间的距离设置为 7mm，所以可以采用先进行基线标注，再进行连续标注的方法来完成。

操作：

① 在命令行输入 Dimbaseline（DBA）并按<Enter>键（执行基线标注）。

② 在 Specify second extension line origin or［Select/Undo］<Select>：提示下，直接按<Enter>键。

③ 在 Select base dimension：提示下，选择 1 轴轴线处的尺寸界线，作为基线标注的第一道尺寸界线。

④ 在 Specify second extension line origin or ［Select/Undo］<Select>：提示下，移动光标，捕捉 2 轴轴线与 A 轴轴线的交点后单击确定。

⑤ 在 Specify second extension line origin or ［Select/Undo］<Select>：提示下，按两次 <Enter> 键结束命令。

⑥ 在命令行输入 Dimcontinue（DCO）并按 <Enter> 键（执行连续标注）。

⑦ 在 Specify second extension line origin or ［Select/Undo］<Select>：提示下，移动光标，捕捉 3 轴轴线与 A 轴轴线的交点后单击确定。

⑧ 重复执行以上操作，执行连续标注命令，完成第二道尺寸标注。

对于第三道尺寸的标注，可以参照第二道尺寸的标注方法来完成。

操作：

① 将辅助线 E 向下复制 1400 成为 F 线。

② 在命令行输入 Dimlinear（DLI）并按 <Enter> 键。

③ 在 Specify first extension line origin or <select object>：提示下，移动光标，捕捉左山墙的外墙线交点后单击。

④ 在 Specify second extension line origin：提示下，移动光标，捕捉右山墙的外墙线交点后单击。

⑤ 在 Specify dimension line location or ［Mtext/Text/Angle/Horizontal/Vertical/Rotated］：提示下，输入 H，确认使用水平标注。

⑥ 在 Specify dimension line location or ［Mtext/Text/Angle］：提示下，移动光标，捕捉 4 轴轴线与辅助线 F 的交点后单击。

⑦ 在 Specify dimension line location or ［Mtext/Text/Angle］：提示下，直接按两次 <Enter> 键，完成第三道尺寸标注。

结果如图 3-67 所示。

5. 尺寸修改

观察图 3-67，会发现图中存在以下问题：①尺寸界线的标注线拖得太长，这可以启动 Dimension Style 系列对话框进行修改；②有些尺寸数字是重叠在一起的，需要将它们重新调整位置。但组成尺寸的四部分（尺寸线、尺寸界线、尺寸起始符号及尺寸数字）是一个整体的块，如果移动尺寸数字时，那么整组尺寸都随之移动，所以必须执行 Explode（炸开）命令，先将要作改变的尺寸炸开，然后再作改动。

操作：

① 执行 Ddim（D）命令打开 "Dimension Style Manager" 对话框，单击 Modify... 按钮修

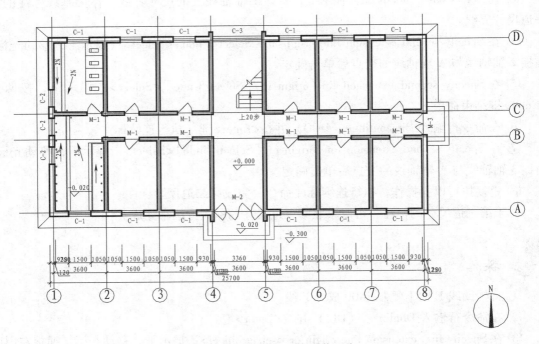

图 3-67 标注第二、第三道尺寸

改"建筑制图"标注样式。在 `Lines` 选项卡中将"Extension Lines"选区中的"Offset from origin"设置为 35，之后单击 `OK` 按钮，返回对话框后关闭尺寸标注样式管理器。

② 执行 Zoom（Z）命令的 W 选项，将 1~2 轴线间尺寸局部放大。

③ 在命令行输入 Explode（X）并按<Enter>键。

④ 在 Select Objects：提示下，单击数字 120、250 及第一开间的轴距 3600，拖动屏幕下端的滚动条选择图形另一端的尺寸数字 120、250，之后按<Enter>键。

⑤ 执行 Move（M）命令将 120、250 移动到合适的位置。

⑥ 执行 Erase（E）命令将尺寸引出线以及前面用过的 E 线、F 线删除。

⑦ 在图形另一端，做与上述同样的操作，完成水平尺寸的标注。

结果如图 3-68 所示。

> **提 示**
>
> 执行"Dimension Style Manager"对话框修改尺寸时，对已炸开的尺寸不起作用。

3.7.3 标注垂直尺寸

垂直尺寸的标注与水平尺寸的标注方法一样，只不过在执行 Dimlinear（DLI）长度类尺寸标注时，水平标注命令执行选项 Horizontal，而垂直标注命令执行选项 Vertical。

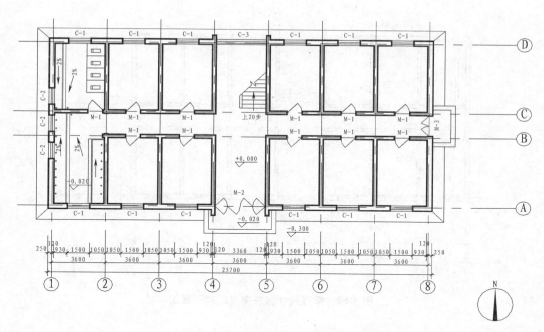

图 3-68 水平尺寸标注完成后的平面图

 操作：

① 执行 Zoom（Z）命令的 W 选项，将图形右边即标注垂直尺寸部位局部放大。

② 将 8 轴轴线向外复制 3000，称为 E 线，再将 E 线向右复制两次，间距均为 700，分别称为 F 线、G 线。E、F、G 三条线作为三条尺寸线的参考位置。

③ 在命令行输入 Dimlinear（DLI）并按<Enter>键。

④ 在 Specify first extension line origin or <select object>：提示下，移动光标，捕捉外墙角交点后单击。

⑤ 在 Specify second extension line origin：提示下，移动光标，捕捉外墙线与 A 轴的交点后单击。

⑥ 在 Specify dimension line location or［Mtext/Text/Angle/Horizontal/Vertical/Rotated］：提示下，输入 V，确认使用垂直标注。

⑦ 在 Specify dimension line location or［Mtext/Text/Angle］：提示下，移动光标，捕捉 A 轴轴线与 E 线的交点后单击。

⑧ 在命令行输入 Dimcontinue（DCO）并按<Enter>键（执行连续标注）。

⑨ 在 Specify second extension line origin or［Select/Undo］<Select>：提示下，移动光标，捕捉墙角内交点后单击。

⑩ 重复执行以上操作，通过交点捕捉执行连续标注，完成第一道尺寸标注。第二、第三道尺寸的标注方法与水平尺寸标注方法基本相同，在此从略。

标注完成之后，也需要重新调整尺寸文本位置，删除多余的线条等。最后结果如图 3-69 所示。

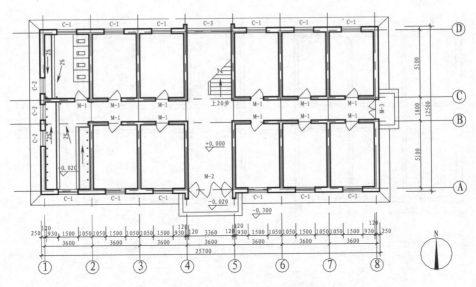

图 3-69　垂直尺寸标注完成后的平面图

提 示

常用的命令执行方式有以下两种：

① 在命令行输入命令名，即在命令行输入命令的字符串或者是命令字符串的快捷方式，命令字符不区分大、小写。

② 单击功能区相应选项卡中的对应图标，执行相应命令。

在上述两种执行方式中，在命令行输入命令名是最为稳妥的方式，因为 AutoCAD 的所有命令均有其命令名，但却并非所有的命令都有对应图标，只有常用的才有。

前面标注水平尺寸和垂直尺寸的方法都是通过命令行输入命令的方法来执行的，而在实际使用过程中，通过单击 "Home" 选项卡的 "Annotation" 面板中相应命令按钮的方法进行标注也是比较简单的。我们采用命令行的方法来标注，意图是通过稍微繁琐的方法，让大家熟悉执行标注命令时的每一个步骤。

 思考与练习

1. 执行以下命令是否能完成图幅、图框的操作？

Pline 命令绘制矩形框——→Offset 命令将矩形框向外复制——→Stretch 命令将外框拉伸一定距离——→Explode 命令将外框线炸成细线。

2. 执行 Rectangle 命令、Offset 命令等能否完成 3.1 节内容？

3. 还有其他的方法能完成 3.1 节的内容吗？

4. 根据 3.2 节所学内容，定义两种字体样式，一种字高为 1000，一种字高为 500，不执行 Scale 命令，重新填写标题栏内容。

5. 根据图样尺寸，直接在 0 层上绘制定位轴线，然后通过 Properties（属性管理器）将所有轴线改为红色的点画线。

6. 垂直轴线通过 Array（阵列）命令能完成吗？比较 Array 命令和 Offset 命令的区别。

7. 利用 Mline（多线）能完成 3.3 节的内容吗？试比较用 Mline（多线）绘制的双墙线与 3.3 节所讲述的绘制双墙线的方法各有哪些优缺点？

8. 绘好一个轴线圈及其编号后，能通过 Array（阵列）完成其他水平轴线圈及其编号吗？比较各种方法的特点。

9. 将附图 A-1 中的盥洗室及厕所的门洞根据尺寸打开，并将门复制过去。

10. 利用所学方法绘制附图 A-1 门厅部位的门。

11. 用 3.5 节所学的方法（即将轴线复制，再改变图层）绘制附图 A-1 中的室外台阶。

12. 利用捕捉圆的四分点的方法绘制索引符号。

13. 执行 Copy 命令的 M 选项，将标高符号复制到需要的位置。

14. 利用所学命令及方法将图 3-69 中的内部尺寸标注完毕。

15. 完成其他标注，如图名、比例等，完成如附图 A-1 所示的"底层平面图"。

16. 根据"底层平面图"（附图 A-1）完成"标准层平面图"（附图 A-2）（提示：可以将整张"底层平面图"复制，在此基础上局部修改完成）。

第4章

绘制立面图

在建筑工程图中，平、立面图密切相关，绘图过程中要随时注意两者之间的对应关系，同时对相同的图样要尽量利用 AutoCAD 中的复制、阵列等功能，以提高绘图效率。

要使绘制的立面图生动，除设计方案本身外，不同宽度线条的应用以及立面图细节的刻画也非常重要。下面以附图 A-3 为例学习有关绘制立面图的命令和相关技巧。

4.1　绘图前的准备

绘图时，为方便看图，通常将平、立、剖面图按照"长对正，高平齐，宽相等"的原则放在同一张图纸上。在学习阶段，我们将平、立、剖面图分别单独绘制。立面施工图也将采用 A3 标准格式"图纸"。可将绘制平面施工图时使用的 A3 格式"图纸"制作成块，存盘，再插入立面图即可。

1. 将 A3 标准格式图纸制作成块

视频：将 A3 图纸
制作成块并插入

 操作：

① 执行 Open 命令将"底层平面图"打开。

② 在命令行输入 Block（B）命令并按<Enter>键，弹出"Block Definition"对话框，如图 4-1 所示。

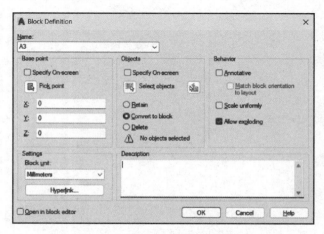

图 4-1　"Block Definition" 对话框

③ 在此对话框的"Name"空白栏内输入"A3"（给块起名）。

④ 单击"Pick point"左边的 按钮，返回绘图屏幕。

⑤ 在 Specify insertion base point：提示下，移动鼠标，单击捕捉图幅右下角点，又返回"Block Definition"对话框（选择插入基点）。

⑥ 在此对话框中，单击"Select objects"左边的按钮，返回绘图屏幕。

⑦ 在 Select objects：提示下，单击或用 C 窗口，将 A3 格式图纸的所有内容以及标高符号、箭头、轴线、轴线圈全部选上，之后按<Enter>键，返回"Block Definition"对话框。

⑧ 单击 OK 按钮，关闭此对话框，完成块的制作。

说明：

① 确定插入基点时，原则上是随意选一点，但为了绘图方便，一般选择一些特征点，如中心点、角点等。

② 虽然立面图上不需要箭头，但考虑到其他图，如剖面图、墙身节点图都有箭头，所以在此制作块时，也将箭头选上。

提 示

　　也可以在绘底层平面图的过程中，将标高符号先用 Block 制成块，以便在后面的绘图过程中使用。

2. 将制成的块 A3 存盘

我们已用 Block（块制作）命令，将 A3 标准格式图纸制成图块，但此图块只能在当前图形文件即"底层平面图"中使用，不能被其他图调用。为了使图块成为外部图块或公共图块（可供其他图形文件插入和引用），可以用 WBlock（块存盘）命令，将 A3 格式图纸以图形文件的形式单独存盘。

 操作：

① 在命令行输入 Wblock 并按<Enter>键，弹出"Write Block"对话框，如图 4-2 所示。

② 在"Source"区域里，点选"Block"选项。

③ 单击右上角的 按钮，找出并选择 A3。

④ 单击 OK 按钮，关闭此对话框。

提 示

　　如果此时用 Save 打开文件保存对话框，会发现 A3 与其他文件并排出现在对话框里。事实上，用 Wblock 定义的图形文件和其他图形文件无任何区别。

3. 插入块

我们已经将 A3 格式图纸制作成图块 A3，并将其存盘。下面将 A3 图块调入新建图形文件中，即开始绘制的建筑立面图中。

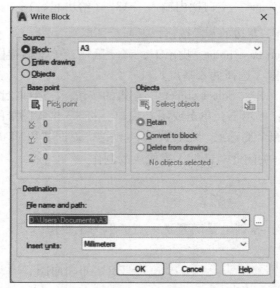

图 4-2 "Write Block" 对话框

 操作：

① 在命令行输入 New 并按<Enter>键，弹出 "Select template" 对话框（图 4-3），单击 "Open" 按钮。

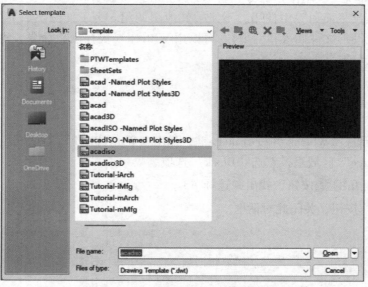

图 4-3 "Select template" 对话框

② 在命令行输入 classicinsert 并按<Enter>键，弹出 "Insert" 对话框，如图 4-4 所示。

③ 单击 Browse... 按钮，弹出 "Select Drawing File" 对话框，如图 4-5 所示。

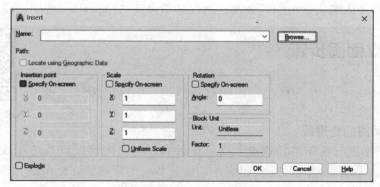

图 4-4 "Insert" 对话框

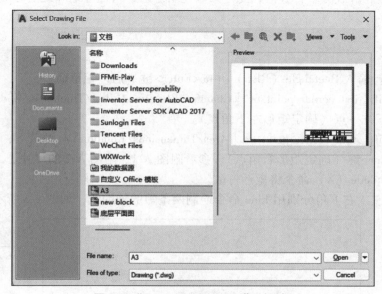

图 4-5 "Select Drawing File" 对话框

④ 选择 A3 文件后，单击 Open 按钮，返回 "Insert" 对话框。

⑤ 勾选 ☑ Explode 选项后，单击 OK 按钮，关闭此对话框，返回绘图屏幕。

⑥ 在 Specify insertion point for block：提示下，在屏幕中单击，插入图形。

⑦ 执行 Zoom 命令的 E 选项，这样 A3 标准格式就出现在屏幕上了。

⑧ 执行 Ddedit 命令改变图标的相关内容，如将 "底层平面图" 改为 "立面图"、将图号 "01" 改为 "02" 等。

⑨ 在命令行输入 Save 并按<Enter>键，弹出 "保存文件" 对话框，输入文件名 "立面图" 后，单击 "保存" 按钮。

 说明：

① 如果对准备插入的块名记得很清楚，则在 "Insert" 对话框中不必点选 "Browse" 按钮，直接在 "Name" 框中输入图块名即可。

② 因为要对插入的块进行局部修改，所以必须勾选"Explode"选项，将整个块炸开。

4.2 绘制立面图步骤

观察附图 A-3，可以看到这个立面图较为规整，所以绘制起来相对简单。

1. 绘制立面图的轮廓线

附图 A-3 所示的立面图的轮廓有四条：地坪线、左右山墙线以及屋顶线。GB/T 50104《建筑制图标准》规定，地坪线为特粗线，其他三条线为粗线。在此可以先不考虑线宽，图形完成后，再统一设定线宽。

绘制立面图轮廓线有多种方法，此处采取先绘矩形，再延伸地坪线的方法来完成。

 操作：

① 在命令行输入 Rectangle（REC）并按<Enter>键（启动矩形命令）。

② 在 Specify first corner point or ［Chamfer/Elevation/Fillet/Thickness/Width］：提示下，单击图框内左下方一点（确定矩形左下角点）。

③ 在 Specify other corner point or ［Area/Dimensions/Rotation］：提示下，输入@ 25700，12700 并按<Enter>键（确定矩形右角点）。参看附图 A-1、附图 A-2 的尺寸。

④ 执行 Explode（X）命令将矩形打散。

⑤ 在矩形左、右下角分别用 Line 命令绘制两条短的辅助线，如图 4-6 所示。

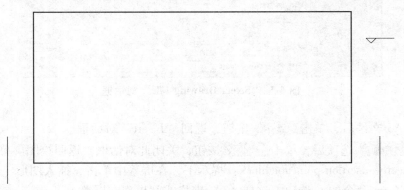

图 4-6　在矩形左、右下角绘制两条短辅助线

⑥ 在命令行输入 Extend（EX）后按<Enter>键（启动延伸命令）。

⑦ 在 Select objects or <select all>：提示下，选择两条短辅助线后按<Enter>键。

⑧ 在 ［Fence/Crossing/Project/Edge/Undo］：提示下，分别单击矩形下边的两端之后，按<Enter>键（形成立面图的室外地坪线）。

⑨ 执行 Erase（E）命令删除两条辅助线。

完成上述操作后，可以利用 Offset、Trim 等命令绘制完成 ± 0.000 线，结果如图 4-7 所示。

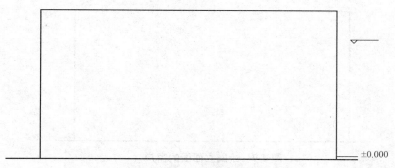

图 4-7 绘制立面图轮廓线

2. 绘制立面图的窗户

观察附图 A-1~附图 A-3 可知，每个开间的窗户都居中，并且每层的层高都相等。这样，就可以先绘好左下角的一个窗户，然后执行 Array（阵列）命令来完成全部窗的绘制。

 操作：

① 在命令行输入 Line（L）后按<Enter>键。

② 在 Specify first point：提示下，捕捉 A 点。

③ 在 Specify next point or［Undo］：提示下，输入@1300，1200，并按<Enter>键，绘出线 AB，如图 4-8 所示。

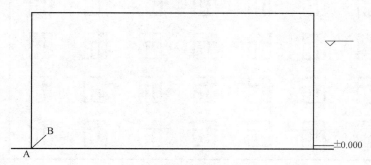

图 4-8 绘制辅助线

④ 在命令行输入 Rectangle（REC）按<Enter>键。

⑤ 在 Specify first corner point or［Chamfer/Elevation/Fillet/Thickness/Width］：提示下，单击 B 点。

⑥ 在 Specify other corner point or［Area/Dimensions/Rotation］：提示下，输入@1500，1800 并按<Enter>键，如图 4-9 所示。

⑦ 删除线 AB，执行 Zoom（Z）命令的 W 选项，将窗洞局部放大（或利用鼠标滑轮）。

⑧ 根据附图 A-3 的窗户细部尺寸，执行 Line（L）、Offset（O）、Trim（TR）命令完成此窗的细部。

⑨ 执行 Pedit（PE，编辑多义线）命令将窗洞四条线加粗，结果如图 4-10 所示。

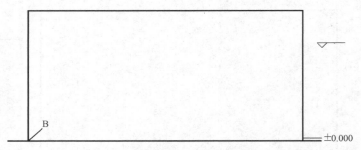

图 4-9　绘制立面图的窗户（一）

⑩ 执行 Array（AR）命令将整个窗洞向上、向右阵列，行数为 4，列数为 7，行间距为 3000（层高），列间距为 3600（开间）。

结果如图 4-11 所示。

将图 4-11 与附图 A-3 比较，会发现门厅部位及其以上的窗户与其他部位不一样。因此，需要将图 4-11 做些改动。

⑪ 执行 Erase（E）命令将门厅部位的窗全部删掉。

⑫ 参看附图 A-1 的尺寸，将左、右山墙分别向里复制 10930，再将新复制的两条线向里复制 240，形成立面图上中间的两根壁柱。

⑬ 再将左、右山墙分别向里复制 370，形成山墙壁柱。

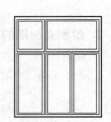

图 4-10　绘制立面图的窗户（二）

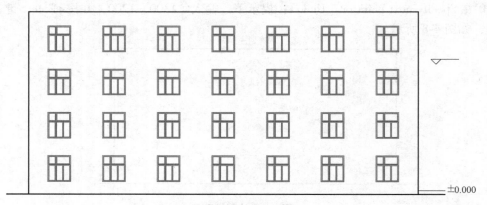

图 4-11　绘制立面图的窗户（三）

结果如图 4-12 所示。

3. 绘制窗台、窗楣及挑檐等线

 操作：

① 执行 Offset（O）命令，将立面图的上轮廓线向下复制 400，形成檐口。

② 在命令行输入 Extend（EX）并按<Enter>键。

③ 在 Select Objects or<select all>：提示下，选择线 A 及线 B 后按<Enter>键，如图 4-13 所示。

图 4-12　绘制立面图的窗户（四）

④ 在［Fence/Crossing/Project/Edge/Undo］：提示下，选择左上角窗户上窗洞线的左右两边，再选择下窗洞线的左右两边，然后按<Enter>键。此时，两条窗洞线被延长了。

⑤ 将两条延长的窗洞线分别向外复制 120，形成一个窗台和一个窗楣。

⑥ 执行 Copy（CO、CP）命令将绘好的窗台、窗楣四条线向下复制三次，距离分别为3000、6000 和 9000。

结果如图 4-13 所示。

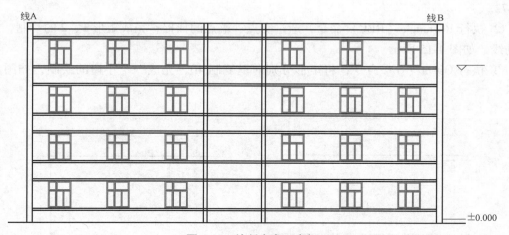

图 4-13　绘制窗台、窗楣

4. 绘制门厅及其上部的小窗等

（1）查询小窗的宽度

可以通过 Divide（等分）、Dist（查距离）命令来查询小窗的宽度。

操 作：

① 在"Drafting Settings"对话框中，勾选 Node（节点）命令。

② 在命令行输入 Divide（等分）命令并按<Enter>键。

③ 在 Select object to divide：提示下，选择线段 AB。

④ 在 Enter the number of segments or［Block］：提示下，输入 5 并按<Enter>键。

⑤ 在命令行输入 Dist（查距离）并按<Enter>键。

⑥ 在 Specify first point：提示下，捕捉点 A。

⑦ 在 Specify second point or［Multiple points］：提示下，沿着线段 AB 移动捕捉第一个节点 ⊠，如图 4-14 所示。

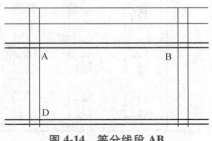

⑧ 在命令窗口中，会有"Delta X = 672.0000，Delta Y = 0.0000，Delta Z = 0.0000"出现，即所要查的水平距离为 672。

图 4-14　等分线段 AB

（2）完成小窗的绘制

查询出小窗的宽度后，通过作辅助线，执行 Rectangle（矩形）命令来完成一个小窗的绘制，通过 Array 命令来完成其他小窗的绘制。

 操作：

① 执行 Copy（CO、CP）命令，将图 4-14 中的线 AB 向下复制 600，将 AD 向右复制 672。

② 执行 Rectangle（REC）命令，通过交点、端点的捕捉，完成矩形 1、2 的绘制，删掉辅助线，如图 4-15 所示。

③ 执行 Offset（O）命令，将矩形分别向里复制 40，完成一个小窗的绘制，如图 4-16 所示。

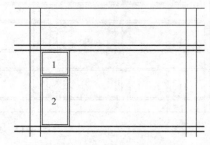

图 4-15　完成矩形 1、2 的绘制　　　　图 4-16　完成一个小窗的绘制

④ 执行 Array（AR）命令，将绘好的小窗户进行阵列，结果如图 4-17 所示。

小窗的绘制已经完成，可以执行同样的命令来完成门厅部分的绘制，如图 4-18 所示。

5. 标注

立面图上的标注有文本标注以及标高标注，文本标注采用 Dtext 命令即可完成。下面进行标高的标注。

图 4-17 完成小窗的绘制

图 4-18 绘制门厅细部

 操作：

① 执行 Move（M）命令，将标高符号移动到±0.000 线的合适位置，并对标高符号、±0.000 线（作为引出线）、数字±0.000 进行适当调整，结果如图 4-19 所示。

② 在命令行输入 Copy（CO、CP）并按<Enter>键。

③ 在 Select objects：提示下，选择标高符号、引出线及数字±0.000。

④ 在 Specify base point or［Displacement/mOde]<Displacement>：提示下，移动鼠标在标高符号的附近单击。

⑤ 在 Specify second point or［Array]<use first point as displacement>：提示下，进行复制，复制距离分别为 900、3900、6900、9900、12400（正交处于开启状态），如图 4-20 所示。

⑥ 执行 Ddedit（DD）命令将不正确的标高数字改正，如图 4-21 所示。

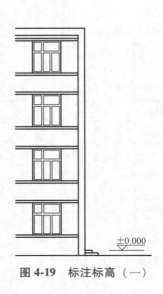

图 4-19 标注标高（一）

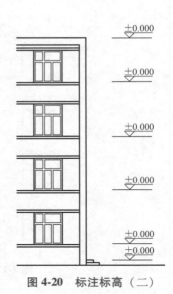

图 4-20 标注标高（二）

提 示

① 为方便操作，可以提前将标高符号制作成块。
② "±"号的输入为"%%P"。

将图 4-21 与附图 A-3 对照，会看到所有角点朝下的标高符号以及标高数字已经标好，而角点朝上的标高符号以及标高数字还未标注。此时，可以先把原始的标高符号镜像，并将标高数字移到下边，再用与上述同样的方法，把标高标注全部完成。结果如图 4-22 所示。

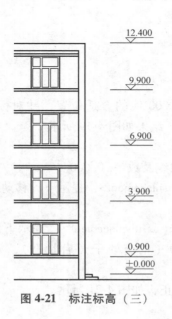

图 4-21 标注标高（三）

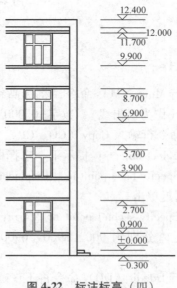

图 4-22 标注标高（四）

6. 完成其他细部

操作：

① 执行 Pedit（PE）命令将地坪线的宽度设置为 180，将其他三条立面轮廓线的宽度设置为 90。

② 执行 Dtext（DT）命令标注立面图的文字说明以及图名、比例等，完成本章内容。结果如附图 A-3 所示。

思考与练习

1. 怎样利用 Pline（绘制多义线）命令，通过相对坐标来绘制立面图的外轮廓线？

2. 如果将平面图和立面图放在同一张图纸内，怎样利用 Extend（延伸）、Trim（剪切）等命令通过平面图绘出立面图？

3. 运用已有的知识、信息、技能和方法，思考绘制建筑立面图的新方法。

第 5 章

绘制外墙身详图

墙身详图是建筑工程图中的一个重要组成部分，是对某些复杂的剖面图不易表达清楚的部位进行的放大表达。由于其比例较大，相应各部位细节必须表达清楚，因此墙身详图绘制烦琐且有一定难度。AutoCAD 利用绘制辅助线，使复杂的绘制过程变得简单而快捷。绘图过程中如果善于利用各种图案填充以及块的调用，将极大地提高绘图效率。下面将以附图 A-4 为例学习绘制墙身节点详图。

5.1 绘图前的准备

1. 调入 A3 格式

前面已制作成块的 A3 格式图纸，是横式的 A3 图纸。观察附图 A-4，可知图形形状较为细长，所以墙身节点宜采用立式的 A3 格式图纸。另外，第 3 章、第 4 章的图（平面图、立面图）都是在 1∶100 的比例下绘制的，而墙身节点详图准备采用 1∶20 的比例绘制。因此，在调入 A3 块时需要做一些改动。

视频：绘图前
的准备工作

 操作：

① 执行 New 命令建立一张新图。

② 在命令行输入 classicinsert 并按<Enter>键，弹出 "Insert" 对话框。

③ 单击 Browse... 按钮，在弹出的 "Select Drawing File" 对话框（图 5-1）中选择 A3，单击 Open 按钮，关闭该对话框，返回 "Insert" 对话框。

④ 在 "Insert" 对话框中进行如图 5-2 所示的内容设置，单击 OK 按钮，关闭对话框。

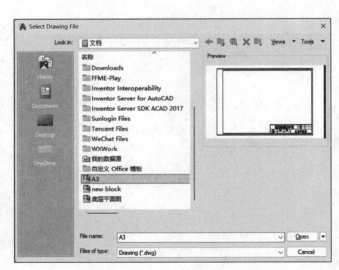

图 5-1 在 "Select Drawing File" 对话框
中选择 A3. dwg 文件

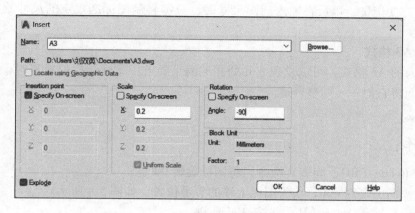

图 5-2　在"Insert"对话框中进行设置

⑤ 在屏幕上某一点单击，立式 A3 格式出现在屏幕上。

⑥ 执行 Zoom（Z）命令的 E 选项，将 A3 格式全屏显示，如图 5-3 所示。

图 5-3　A3 格式全屏显示

 说明：

① A3 格式上所有尺寸均为制图尺寸。在 3.1 节中绘制 A3 格式时，采用的比例为 1∶100，所以当初将制图尺寸都扩大了 100 倍。

② 假设现在要在 1∶20 的比例下重绘 A3 格式，那么就需将所有的制图尺寸扩大 20 倍。如在 1∶100 的比例下，粗线宽度为 0.9×100＝90；在 1∶20 的比例下，粗线宽度为 0.9×20＝18。因此，只要将 1∶100 的 A3 格式缩小为 1/5，即可成为 1∶20 比例下的 A3 格式。因此，插入 A3 块时，将比例系数设为 0.2。

③ 为了方便记忆，以后在输入制图尺寸时，只需将制图标准规定的尺寸乘以图形比例即可。

2. 调整 A3 格式

观察调入的 A3 格式，可以发现有几处并不满足要求：①标题栏位置不对；②标题栏长度偏大。下面将它们一一调整合适。

操作：

① 执行 Rotate（RO，旋转）命令，将图标旋转 90°。

② 将线 1 向上复制 800，作为图标上线的参考位置，如图 5-4 所示。

③ 在命令行输入 Move（M）并按<Enter>键。

④ 在 Select objects：提示下，输入 W 并按<Enter>键。

⑤ 在 Specify first corner：提示下，单击鼠标左键。

⑥ 在 Specify opposite corner：提示下，窗选取标题栏全部内容后按<Enter>键。

⑦ 在 Specify base point or［Displacement］<Displacement>：提示下，捕捉点 A 后单击。

⑧ 在 Specify second point or <use first point as displacement>：提示下，捕捉点 B 后单击。

⑨ 执行 Erase（E）命令，将辅助线删除。

结果如图 5-5 所示。

图 5-4 调整 A3 格式（一）

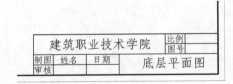

图 5-5 调整 A3 格式（二）

提 示

① 选择图标内容时，宜用 W 窗选。

② 如果图标中文字没有出现，而是出现"?"时，应执行 Style（字体设置）命令，重新设置字体。

5.2 绘制外墙身详图步骤

外墙身详图是由三个节点图即屋面节点图、楼面节点图及地面节点图组合在一起的。在此，以楼面节点的绘制为例学习其绘制方法及步骤，其他两个节点的绘制方法及步骤与此相同。

视频：绘制
外墙身详图

1. 绘制辅助线

操作：

① 执行 Layer（LA）命令建立名为"辅助线层"的新图层，设置它为红色实线，并将其设置为当前层。

② 根据图样上的窗台挑出宽度（120）和墙体宽度（370），绘出三条垂直辅助线，再绘一条水平线作为楼面线，如图 5-6 所示。

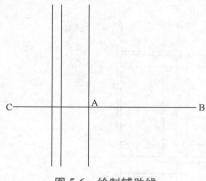

图 5-6　绘制辅助线

> **提　示**
>
> 绘辅助线时，最好将它们绘得稍长些，以便以后操作。

③ 执行 Break（BR，打断）命令将楼面线在 A 点处打断成 CA 及 AB 两部分。

④ 根据图样上的尺寸，将 CA 及 AB 分别复制几次，形成辅助线网格。

结果如图 5-7 所示。

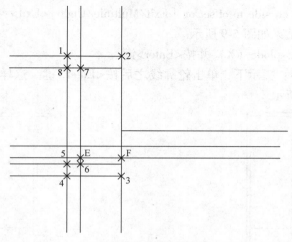

图 5-7　形成辅助线网格

2. 绘制墙体轮廓线

 操作：

① 执行 Layer（LA）命令，将 0 层变为当前层。

② 执行 Pline（PL）命令绘线，设置线宽为 18，依次连接 1、2、3、4、5、6、7、8、1 将 Pline 封闭，形成墙体外轮廓线。

③ 执行 Pline（PL）命令绘线，连接 EF 线段，形成过梁上线。

结果如图 5-8 所示。

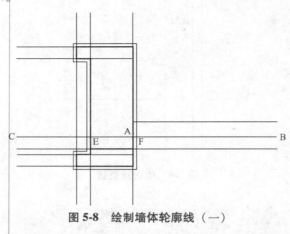

图 5-8　绘制墙体轮廓线（一）

④ 执行 Layer（LA）命令关闭辅助线层，并将点的捕捉关掉（按<F3>键）。

⑤ 在命令行输入 Offset（O）并按<Enter>键。

⑥ 在 Specify offset distance or［Through/Erase/Layer］<Through>：提示下，输入 25 并按<Enter>键。

⑦ 在 Select object to offset or［Exit/Undo］<Exit>：提示下，单击选择墙体外轮廓线。

⑧ 在 Specify point on side to offset or［Exit/Multiple/Undo］<Exit>：提示下，在墙线外围单击后按<Enter>键，结果如图 5-9 所示。

⑨ 在命令行输入 Explode（X）并按<Enter>键。

⑩ 在 Select objects：提示下，单击轮廓线之后按<Enter>键。这样粗线变成了细线，形成抹灰线，如图 5-10 所示。

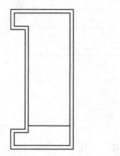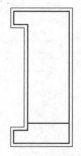

图 5-9　绘制墙体轮廓线（二）　　　　**图 5-10　绘制墙体轮廓线（三）**

提示
　　① 墙体外轮廓线必须封闭。
　　② 先绘粗线，再将其向外或向内 Offset（偏心复制）之后打散成细线。这种方法也可用在图纸幅面的绘制中。

3. 绘制预制空心板

在附图 A-4 上，可以看到预制空心板的数目较多，绘图时不必一一绘制，只要绘好一个，将其利用 Block 命令制作成块，再多次插入即可。附图 A-4 中预制板的高度为 110mm，宽度为 600mm。

 操作：

　　① 执行 Pline（PL）命令，设置线宽为 10，绘出预制板的外围封闭轮廓线，如图 5-11 所示。
　　② 在命令行输入 Donut（DO，圆环）命令并按<Enter>键。
　　③ 在 Specify inside diameter of donut <0.5000>：提示下，输入 75 并按<Enter>键（输入内径）。
　　④ 在 Specify outside diameter of donut <1.0000>：提示下，输入 85 并按<Enter>键（输入外径）。
　　⑤ 在 Specify center of donut or <exit>：提示下，在预制板的轮廓线内单击三点，绘出三个实心圆环。
　　结果如图 5-12 所示。

图 5-11　绘制预制板的外围封闭轮廓线

图 5-12　绘制预制板内的空心圆环

下面，执行 Bhatch（填充）命令，将预制板内的材料图例绘上。预制板的材料为钢筋混凝土，但 AutoCAD 图例库里并没有这一图例，所以必须填充两次，先填充素混凝土图例，再填斜线。

 操作：

　　① 在命令行输入 Bhatch（BH）并按<Enter>键，工作界面自动切换到"Hatch Creation"选项卡，如图 5-13 所示。

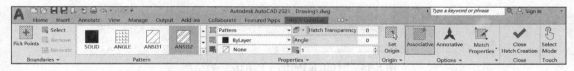

图 5-13　"Hatch Creation"选项卡

② 单击"Options"功能区右侧下拉按钮 ，弹出"Hatch and Gradient"对话框，如图 5-14 所示。

图 5-14 "Hatch and Gradient"对话框

③ 单击对话框里"Swatch"右边的图案，弹出"Hatch Pattern Palette"对话框，如图 5-15 所示。

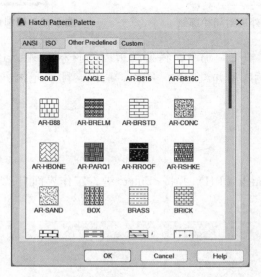

图 5-15 "Hatch Pattern Palette"对话框

④ 在此对话框里，单击选择"AR-CONC"图案后，单击 OK 按钮关闭此对话框，返回"Hatch and Gradient"对话框。

⑤ 在"Hatch and Gradient"对话框里，单击"Add：Pick points"左边的按钮 □ ，返回绘图屏幕。

⑥ 在 Pick internal point or ［Select objects/Undo/seTtings］：提示下，单击圆环与外轮廓线之间的某一点，外轮廓线与圆环之间已填充了素混凝土材料图例，如图 5-16 所示。

图 5-16 填充空心预制板中的素混凝土材料图例

提 示

① 如果预览时感觉填充图案特别稀疏，可将对话框中的"Scale"（比例）一项数值调小，反之则调大。

② 调整各项参数必须在填充之前，否则无效。

③ 用对话框中的"Add：Pick points"选择填充区域时，必须保证所选取区域为封闭区域，否则应利用对话框中"Add：Select objects"左侧的按钮 □ 来选择围成区域的每个实体。

素混凝土图例填充好后，可利用同样的方法将斜线填充上。

操作：

① 执行 Bhatch（BH）命令，界面自动切换到"Hatch Creation"选项卡后，单击"Options"功能区右侧下拉按钮 □ ，弹出"Hatch and Gradient"对话框。

② 单击"Swatch"右边的图案，弹出"Hatch Pattern Palette"对话框。

③ 在此对话框里单击上排按钮中的 ANSI ，使其置于弹起状态。

④ 选择 ANSI31 图案，单击 OK 按钮，关闭此对话框，返回"Hatch and Gradient"对话框。

⑤ 在对话框中，单击"Add：Select objects"左侧按钮 □ ，返回绘图屏幕。

⑥ 分别单击选择预制板外轮廓线及内部三个圆环之后按<Enter>键，返回绘图屏幕，可发现斜线比较密，如图 5-17 所示。

⑦ 在 Pick internal point or ［Select objects/Undo/seTtings］：提示下，输入 T，返回"Hatch and Gradient"对话框。

⑧ 在 Scale 下边的空白框里输入 25 之后，单击 Preview 按钮，查看预览结果。

⑨ 如果对预览结果满意，则按<Enter>键返回对话框，单击 OK 按钮，将图案真正填充上去。结果如图 5-18 所示。

图 5-17 填充斜线的预览结果

图 5-18 绘制预制空心板的最后结果

⑩ 执行 Block 命令将图 5-18 制成块，名为 "YKB-60"（注：利用交点捕捉将左下角点作为插入基点）。

4. 插入预制板

前面已绘制了一块预制板，其他的板直接用 Insert（插入）命令插入或复制命令即可完成。

 操作：

① 执行 Layer（LA）命令，将"辅助线层"打开。

② 执行 Insert（I）命令，通过交点捕捉，插入三块空心板，执行 Line（L）命令，在第三块板的合适位置绘一条直线，为折断线位置，如图 5-19 所示。

③ 执行 Explode（X）命令，将第三块板块炸开。

④ 执行 Trim（TR）命令，将第三块板多余线段剪切掉。

⑤ 执行 Erase（E）命令，将多余实体删掉。

结果如图 5-20 所示。

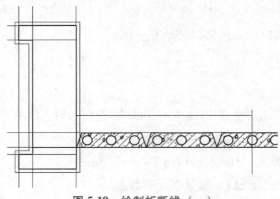

图 5-19　绘制折断线（一）

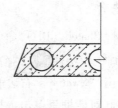

图 5-20　绘制折断线（二）

5. 填充过梁及墙体、抹灰材料图例

因为过梁与预制板的材料一样，均为钢筋混凝土，所以过梁填充时可不必来回调整填充参数，而直接采用图案填充中的继承特性（Inherit Properties）。

 操作：

① 执行 Layer（LA）命令，将"辅助线层"再次关闭。

② 将过梁部分局部放大。

③ 在命令行输入 Bhatch（BH）并按<Enter>键，界面自动切换到"Hatch Creation"选项卡后，单击"Options"功能区右侧下拉按钮，弹出"Hatch and Gradient"对话框。

④ 在此对话框中，单击"Inherit Properties"左侧按钮，返回绘图屏幕。

⑤ 在 Select hatch object：提示下，选择预制板内的素混凝土填充材料。

⑥ 在 Pick internal point or〔Select objects/Undo/seTtings〕：提示下，单击过梁内的某一

点后，按<Enter>键结束命令。

⑦ 执行同样的操作，将斜线也填充上去。

结果如图 5-21 所示。

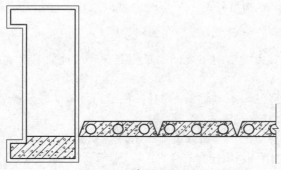

图 5-21　填充过梁图例

⑧ 重复执行 Bhatch（BH）命令，填充墙体及抹灰层材料图案。

⑨ 执行 Layer（LA）命令，将"辅助线层"打开，完成节点细部绘制。

结果如图 5-22 所示。

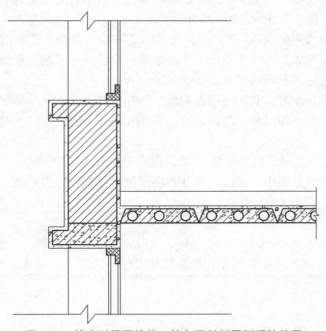

图 5-22　填充过梁及墙体、抹灰层材料图例后的结果

> **提　示**
>
> ① 填充抹灰层时，宜使用 Select Objects 选择区域方式。
>
> ② 填充墙体材料图例，不可用继承特性（Inherit Properties）使用过梁或预制板内的斜线，因为墙体斜线的间隔要小一些，填充比例可采用 1：5 左右。
>
> ③ 不同的图样比例采用的填充比例也不一样，没有定值，需要视实际情况来定。

6. 完成其他节点的绘制

挑檐及地面部位的节点的绘制方法基本与楼面一致，即先绘辅助线网络，通过交点捕捉，直接用 Pline 命令绘出轮廓线之后，再填充材料，最后完成细部绘制。但因为三个节点是竖排在一起的，因此，绘制另外两个节点时，可以采用一些技巧。

> **提 示**
>
> ① 可以将楼面节点垂直向下复制一定距离，形成地面节点的雏形之后，将其修改，成为地面节点。
> ② 在适当位置先绘一条地面线，将楼面线的垂直辅助线延伸（Extend）形成地面节点的垂直辅助线。
> ③ 填充地面节点中的"素土夯实"图例时，可先用 Line 命令绘出几条辅助直线，作为填充区域（必须封闭），填充完材料之后再删掉这些辅助线。

7. 标注

标注文字、标高以及尺寸这些内容的具体操作在前面已讲过，这里不再赘述。但因为墙身节点图的比例为 1∶20，所以在此仅作以下几点说明。

文字标注：因为绘图比例为 1∶20，如果希望打印出图后的文字为 5 号字体，即高度为 5mm，则字体高度应设置为 5mm×20＝100mm。

标高标注：因为当初插入 A3 格式时，已将标高符号随块调入，所以可不必考虑它的尺寸，直接调用即可。但如果要在当前图下重新绘制一个标高符号时，就需要考虑比例与制图尺寸的问题了，这时标高符号的高度是 3mm×20＝60mm。

尺寸标注：尺寸标注时，它的一些参数值，例如箭头大小、尺寸数字高度等都得打开对话框重新设置。参考平面图尺寸标注的设置，原则是将平面图（即 1∶100 比例下的图）的参数扩大 0.2 倍。

观察附图 A-4，可发现窗高标注为 1800，但它的尺寸与 1800 并不一致，因为中间已折断。所以在标注尺寸的过程中，必须将尺寸数字通过键盘输入，直接改为 1800。

 思考与练习

1. 参考楼面节点的绘制方法，绘制附图 A-4 中地面及挑檐部位节点详图。
2. 将附图 A-4 中所有垂直尺寸、标高以及文字标注完成，结果如附图 A-4 所示。

第6章

绘制楼梯详图

本章中，将以楼梯详图的绘制为例，通过块的操作，学习怎样利用已有图形，方便、快捷地生成新图，为绘制楼梯详图提供一种捷径，充分体现 AutoCAD 绘图的优越性。

楼梯平面图、楼梯剖面图及楼梯详图可放在同一张 A2 图纸中。由附图 A-5 可知，它们的绘制比例分别是 1：50、1：30、1：10，下面先分别以上述绘图比例来绘制楼梯图。

6.1 绘制楼梯平面图

楼梯平面图有三个（底层平面图、标准层平面图及顶层平面图），三者之间有许多部分都相同。因此我们只选其中的"标准层平面图"作为重点学习对象，其余两个平面图通过复制，再局部修改完成。在第 3 章绘制建筑平面图时，曾经绘制过楼梯间，现在可以把建筑平面图中的楼梯间部分剪切下来，直接调用即可。

 操作：

① 执行 Open 命令，将"标准层平面图"打开，并将楼梯间部分局部放大。

② 执行 Pline（PL）命令，绘出 Pline 线框，如图 6-1 所示。

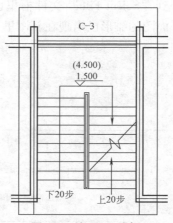

图 6-1　绘 Pline 线框

> **提 示**
>
> 此处 Pline 线框可以不必专门设置线宽。

③ 执行 Trim（TR）命令，将 Pline 线框外的线条全部剪断，如图 6-2 所示。

④ 在命令行输入 Wblock（W）并按<Enter>键，弹出"Write Block"对话框，如图 6-3 所示。

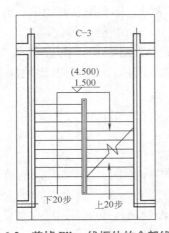

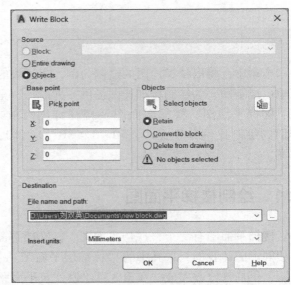

图 6-2　剪掉 Pline 线框外的全部线条　　　　图 6-3　"Write Block"对话框

⑤ 在此对话框里单击"Select Objects"左侧按钮，返回绘图屏幕。

⑥ 在"Select Objects："提示下用 C（窗选）将 Pline 线框内全部实体选中，之后按<Enter>键返回"Write Block"对话框。

⑦ 在"File name"区域里输入文字"楼梯平面图"，单击 OK 退出该对话框。

⑧ 执行 Open 命令，可以看到"Select File"文件框里已有"楼梯平面图"，单击选择它，并将其打开。这样，楼梯平面图的雏形已出现在新图里。

> **提 示**
>
> 如果在关闭原图（标准层平面图）的过程中，屏幕出现图 6-4 所示提示，则单击"否"，这样，标准层平面图还是完整无缺。

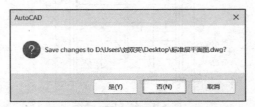

图 6-4　关闭原图过程中的屏幕提示

楼梯间平面图的比例为 1∶50，所以在此处需要做些尺寸上的调整。

 **操作：**

① 执行 Pedit（PE）命令，将所有墙线的宽度改为 45。

② 执行 Scale（SC，比例）命令，将图上的"数字""标高符号""箭头"都缩小到原来的 1/2。

③ 执行 Erase（E）命令，删掉 Pline 线框，并在各墙体断开处绘上折断符号。

④ 标注尺寸、图名、比例及轴线圈编号，结果如图 6-5 所示。

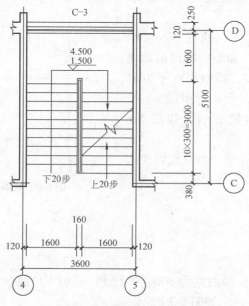

图 6-5 标准层楼梯平面图

6.2 绘制楼梯剖面及节点详图

该学生宿舍楼为四层建筑物，一层至四层楼梯段大致相同，在此只详细绘制一层楼梯梯段，其余复制即可。

6.2.1 绘制楼梯剖面图

楼梯剖面图的绘制仍然要借助辅助线。

1. 绘辅助线

视频：绘制楼
梯剖面图

 操作：

① 建立一个新图层，设置成红色点画线，并将其设为当前层。

② 根据图上的标高尺寸，执行 Line（绘线）及 Offset（偏移复制）命令，绘出地面线1、平台线 2 以及楼面线 3，再根据水平方向的尺寸，绘出 C、D 轴线、台阶起步线 4、平台宽度线 5 和 D 轴墙体轮廓线，如图 6-6所示。

③ 执行 Layer（LA）命令，将 0 层转换为当前层。

2. 绘踏步

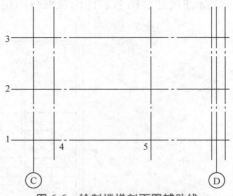

图 6-6 绘制楼梯剖面图辅助线

 操作：

① 根据踏步高为 150、踏面宽为 300，执行 Pline（PL）命令，通过相对坐标，绘制一个踏步（设置线宽 W 为 30），如图 6-7 所示。

② 执行 Copy（CO、CP）命令，通过端点捕捉，将一组踏步一一复制上去。

③ 执行 Extend（EX）命令，将最上一级踏面延伸到墙边，形成 1600mm 宽的平台，再执行 Pline（PL）命令绘出地面线，如图 6-8 所示。

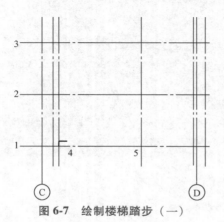

图 6-7 绘制楼梯踏步（一）

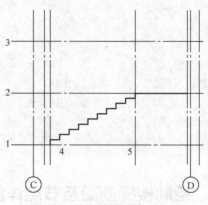

图 6-8 绘制楼梯踏步（二）

④ 执行 Pedit（PE）命令的 J 选项，将所有踏步连成一体。

⑤ 执行 Mirror（MI）命令，将所有踏步及地面线镜像（镜像线为线 2），如图 6-9 所示。

⑥ 执行 Pedit（PE）命令的 W 选项，将第二梯段线的宽度改为 0，如图 6-10 所示。

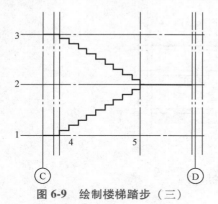

图 6-9　绘制楼梯踏步（三）

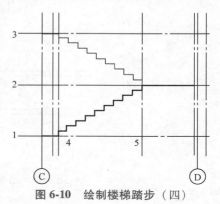

图 6-10　绘制楼梯踏步（四）

3. 绘其他轮廓线

 操作：

① 执行 Line（L）命令，绘制一条斜线，如图 6-11 所示。

② 执行 Move（M）命令，将斜线向右下移动 100。

③ 执行 Copy（CO、CP）命令，将 1 线向下复制两次，距离分别为 100 及 250，形成地面厚度及地梁高度。

④ 执行 Copy 命令，将线 2 向下复制两次，距离分别为 100 及 350，形成平台板厚度及平台梁高度。

⑤ 执行 Offset（O）命令，将线 5 向右复制 200，将线 4、线 6 分别向左偏移 200，将线 7 向右偏移 120，形成地梁、平台梁的宽度以及窗台突出线，如图 6-12 所示。

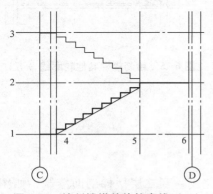

图 6-11　绘制楼梯其他轮廓线（一）

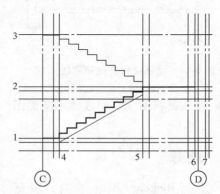

图 6-12　绘制楼梯其他轮廓线（二）

⑥ 在 "Drafting Settings" 对话框中，去掉其他选择，只勾选 "intersection"（交点）选项。

⑦ 执行 Pline（PL）命令，依次连接各交点，如图 6-13 所示。

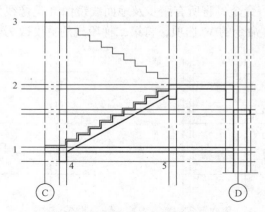

图 6-13 绘制楼梯其他轮廓线（三）

⑧ 执行 Erase（E）命令，将多余辅助线及时删掉。

⑨ 执行 Offset（O）命令，将第一梯段（包括地面线、踏步线及平台线）向左上复制 20。

⑩ 执行 Explode（X）命令，将新复制过来的线炸成细线，形成抹灰线，如图 6-14 所示。

⑪ 执行 Line（L）命令，绘制斜线，完成第二梯段的踏板底线，执行 Pline（PL）命令，绘出楼面及楼梯梁轮廓线，如图 6-15 所示。

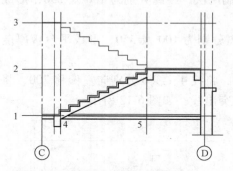

图 6-14 绘制楼梯其他轮廓线（四）

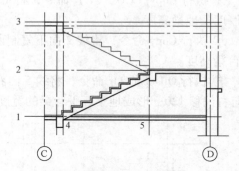

图 6-15 绘制楼梯其他轮廓线（五）

4. 填充材料图例、完成楼梯剖面图

 操作：

① 执行 Bhatch（BH）命令，填充材料图例，完成一到二层楼梯剖面绘制，如图 6-16 所示。

② 执行 Offset（O）命令，将 C 轴向左复制一定距离，作为折断线位置。

③ 执行 Extend（EX）命令，将楼板及地面延伸过去。

④ 执行 Copy（CO、CP）命令，将第一、二梯段，平台，二层楼面，向上复制 3000，

并作局部的修改，结果如图 6-17 所示。

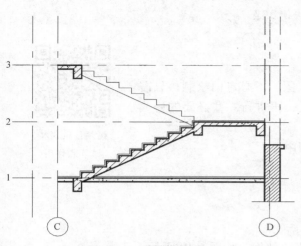

图 6-16　填充材料图例

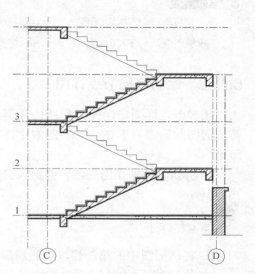

图 6-17　绘制梯段、平台、二层
楼面并作局部修改

⑤ 执行 Line（L）命令，绘出所有折断线。

⑥ 最后标注尺寸、标高、文字等内容。

结果如图 6-18 所示。

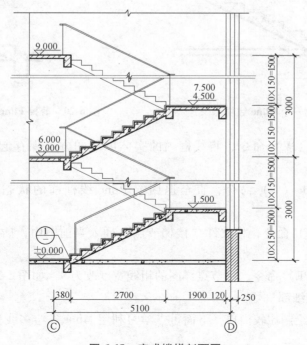

图 6-18　完成楼梯剖面图

提 示

同绘制楼梯平面图一样，标注尺寸时，必须事先调整"尺寸设置"对话框里的各参数值，它们的大小应分别是平面图参数的 0.3 倍。

6.2.2 绘制楼梯节点详图

视频：绘制楼梯节点详图

楼梯节点详图是楼梯剖面图的局部放大图，不必专门绘制，只需将剖面图的局部剪下来，按一定的比例放大，再进行一些必要的修改即可。

1. 剪切楼梯剖面图局部，并插入当前图中

操作：

① 将剖面图中的第一梯段位置局部放大。

② 执行 Pline（PL）命令，绘制一个 Pline 线框，如图 6-19 所示。

③ 执行 Explode（X）命令，将线框内的材料图例炸开。

④ 执行 Trim（TR）命令，将 Pline 线框外的线条剪掉，如图 6-20 所示。

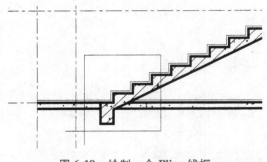

图 6-19 绘制一个 Pline 线框

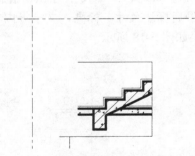

图 6-20 剪掉 Pline 线框外的全部线条

⑤ 执行 Wblock（W）命令，将线框内的实体以块的方式保存起来，起名为"楼梯节点"。

⑥ 多次执行 Undo（U）命令，直至退回绘 Pline 线框前的状态，即图 6-13 所示的状态。

⑦ 执行 Insert（I）命令，将文件"楼梯节点"插入当前图中，插入比例为 1，结果如图 6-21 所示。

⑧ 执行 Pedit（PE）命令，将节点详图的粗线宽度改为 9，如图 6-22 所示。

2. 绘制楼梯其他细部

楼梯其他细部的绘制比较简单，下面重点学习利用 Mline（绘多线）命令绘制楼梯栏杆扶手。

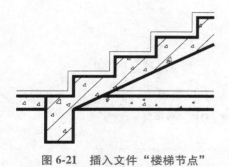

图 6-21　插入文件"楼梯节点"

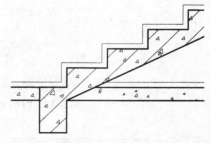

图 6-22　修改楼梯节点详图的粗线宽度

 操作：

① 在命令行输入 Mlstyle（多线类型设置）命令并按<Enter>键，打开"Multiline Style"对话框，如图 6-23 所示。

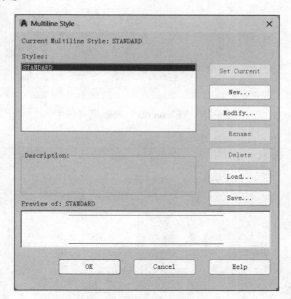

图 6-23　"Multiline Style"对话框

② 单击 New... 按钮，弹出对话框"Create New Multiline Style"，如图 6-24 所示，在"New Style Name"栏中输入 1。

③ 单击"Create New Multiline Style"对话框中的 Continue 按钮，进入"New Multiline Style：1"对话框，如图 6-25 所示，在当前"Elements"列表框中，进行偏移距离、颜色、线型的设置。

④ 单击"Elements"列表框中的第一条线，在"Offset"编辑框中输入 25，用相同的方法设置第二条线的偏移距离为−25，再单击 Add 按钮，这时"Elements"列表框中出现了三条线框，如图 6-26 所示。

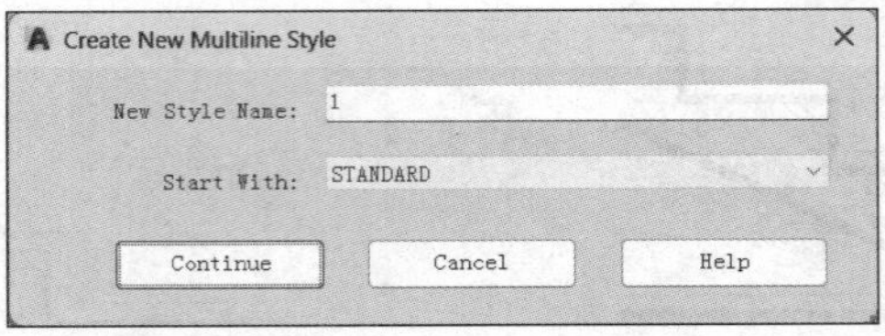

图 6-24　"Create New Multiline Style" 对话框

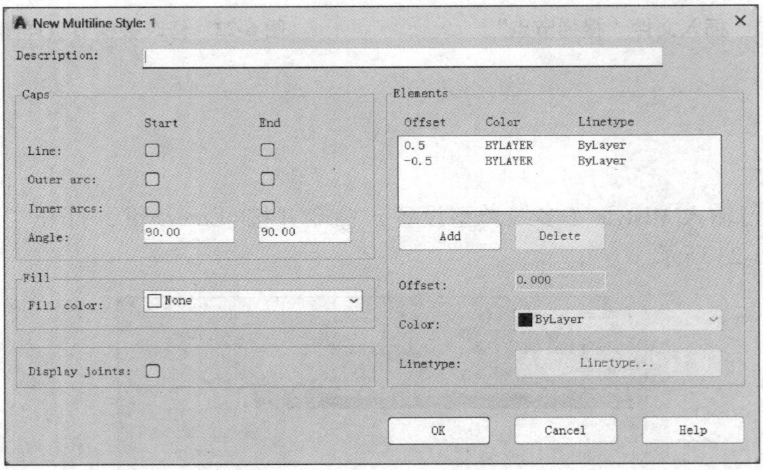

图 6-25　"Elements" 列表框（一）

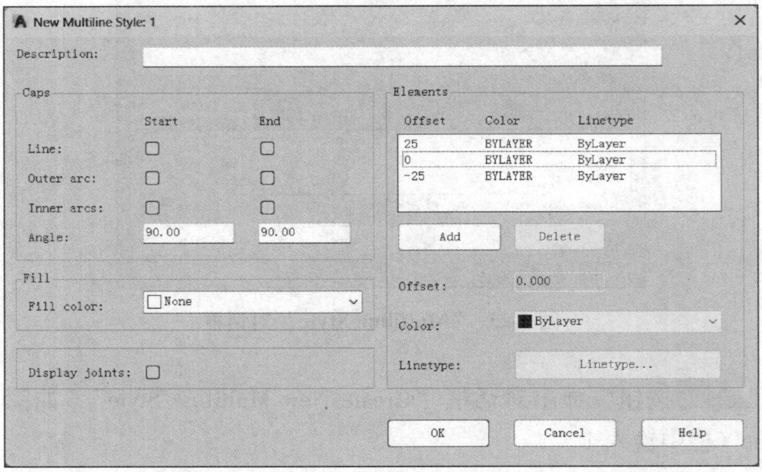

图 6-26　"Elements" 列表框（二）

⑤ 点取 "Elements" 列表框中的第二条线，点选 Linetype... 后加载中心点画线 "Center"，单击按钮，返回 "Multiline Style" 对话框。

⑥ 在 "Multiline Style" 对话框中将新设置的多线样式 1 设置为当前样式，单击 OK 按钮，完成多线的设置。

⑦ 在命令行输入 Mline（ML），执行绘制多线命令。

⑧ 在 Specify start point or ［Justification/Scale/Style］：提示下，输入 J 并按<Enter>键（对正方式设置）。

⑨ 在 Enter justification type ［Top/Zero/Bottom］<top>：提示下，输入 Z 并按<Enter>键（零线对齐）。

⑩ 在 Specify start point or ［Justification/Scale/Style］：提示下，输入 S 并按<Enter>键（多线比例设置）。

⑪ 在 Enter mline scale<20.00>：提示下，输入 1 并按<Enter>键两次，完成多线绘制前的对正方式以及比例的设置。

在执行完上述步骤以后，就可以进行楼梯扶手的绘制了。

 操作：

① 在命令行输入 Mline（ML）并按<Enter>键。

② 在 Specify start point or ［Justification/Scale/Style］：提示下，捕捉并单击踏面中点 B。

③ 在 Specify next point：提示下，输入 900 并按<Enter>键（绘出多义线 AB）。

④ 执行 Copy（CO、CP）命令，将线段 AB 多次复制形成栏杆。

⑤ 再次执行 Mline（ML）命令，通过端点捕捉，连接 A、C 两点。

⑥ 执行 Line（L）命令，绘一条折断线，结果如图 6-27 所示。

⑦ 执行 Explode（X）命令，将多线炸开成单线。

⑧ 执行 Trim（TR）、Extend（EX）以及 Fillet（F）命令完成栏杆的绘制。结果如图 6-28 所示。

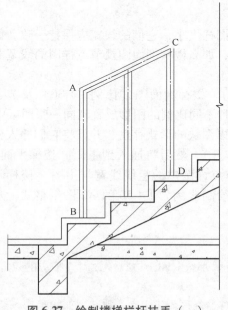

图 6-27 绘制楼梯栏杆扶手（一）

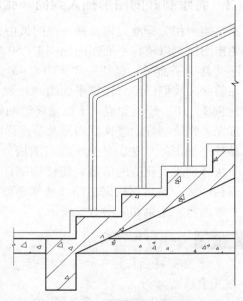

图 6-28 绘制楼梯栏杆扶手（二）

⑨ 执行 Line（L）或 Pline（PL）命令，绘出花栏杆。

⑩ 最后标注尺寸、标高、文字等内容。

结果如图 6-29 所示。

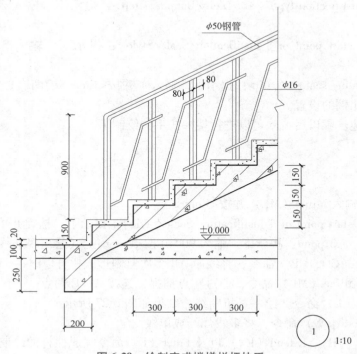

图 6-29 绘制完成楼梯栏杆扶手

6.2.3 将绘制好的图形插入到同一张图纸中

建筑制图相关标准规定，同一张图纸中，无论图样大小，它们的线宽应保持一致。如果将来的出图比例以楼梯平面图的比例 1∶50 为基准，那么楼梯剖面图及节点详图的线宽必须与主图（楼梯平面图）保持一致，均为 45。

在前面，我们已经将楼梯平面图（比例 1∶50）、楼梯剖面图（比例 1∶30）及节点详图（比例 1∶10）绘制完成，下面就将绘制好的三种不同比例的图形放置到同一张图纸中。

首先，将绘制好的楼梯剖面图及节点详图分别以图块的形式存盘，并且将它们插入到主图（楼梯平面图）中去，注意不能将图块分解（炸开），然后将插入到主图（楼梯平面图）中的图块分别放大相应的倍数，使楼梯剖面图及节点详图中的粗线线宽与主图（楼梯平面图）保持一致；最后再根据主图（楼梯平面图），绘制比例为 1∶50 的 A2 图纸格式，从而完成本章内容，结果如附图 A-5 所示。

> **提 示**
>
> ① 如果将插入到主图中的图块分解（炸开），那么对图形进行缩放时，相应的尺寸标注将会改变。
>
> ② 可以将绘制好的三种不同比例的图形中的任意图形作为主图，将另外两幅图形以图块存盘的形式保存后插入到主图中，然后进行缩放，只要保证在同一张图纸中线宽一致即可。

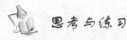
思考与练习

1. 用本章所学的绘图方法和技巧，把附图 A-1（底层平面图）的楼梯间部分剪切到新图中来。

2. 完成附图 A-5 中所示其余两个楼梯间平面图。

3. 调出楼梯平面图，通过从楼梯平面图中引出墙线、平台位置线以及楼梯踏步线的方法来绘制楼梯剖面图。比较该方法和本章所介绍的方法的异同。

4. 回顾本章所学内容，完成附图 A-5。体会怎样把不同图样比例的图形放在同一张图纸中。

5. 思考绘图过程中如何进行视图布局，整体与局部的关系如何处理。

第7章

简单三维建模

建模常用的软件有 AutoCAD、Sketchup、3ds Max 等，其中 AutoCAD 以其简易、精确和便于开发而占据着建模的主流。目前，大多数建筑设计的施工图都是在 AutoCAD（或基于其开发的软件，如 ABD、天正 CAD）平台上绘制的，如果我们对 AutoCAD 已经十分熟悉，那么利用它进行建模顺理成章，难度也较小。由于 AutoCAD 与 3ds Max 同为 AutoDesk 公司的产品，在文件的传递方面也非常方便，3ds Max 可直接导入 AutoCAD 的 dwg 格式的文件。利用 AutoCAD 建模，尤其是制作建筑室外效果图时，具有很大的优越性。例如根据分层，可以单独改变物体某一部分的属性，还具有捕捉功能，使建模更精确，另外操作界面也较为宽敞。

7.1 三维绘图辅助知识

要快速而准确地建立三维模型，只在以前所讲的绘制二维图形的平面空间操作是无法实现的，还需要进行一些辅助设置。下面就对三维绘图必要的环境设置方法加以介绍。

使用 AutoCAD 2021 进行三维模型绘制时，单击状态栏中的"Workspace Switching"下拉按钮 ，在弹出的快捷菜单中选择"3D Modeling"选项，如图 7-1 所示。即可将工作空间切换为"3D Modeling"工作空间。

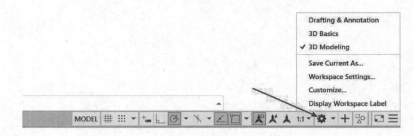

图 7-1 切换"3D Modeling"工作空间

7.1.1 WCS 与 UCS

在二维绘图中，我们一直使用的是世界坐标系（Word Coordinate System，WCS）。世界坐标系是固定的，不能在 AutoCAD 中加以改变。这个系统中的点由唯一的（X，Y，Z）坐标确定，这对于二维绘制图形已经是足够的了。

在绘三维立体图时，实体上的各个点都可能有互相不同的（X，Y，Z）值，此时仍使用 WCS 或某一固定的坐标系会给实体图形带来极大的不便。例如，我们要在如图 7-2 所示的房顶上加上一个天窗，使用 WCS 描述起来就比较困难。如果我们在屋顶上定义一个坐标系，则一个三维问题就变成了一个较为简单的二维问题了。在实际绘制立体图形时，类似的问题是常见的。

因此，为使用户方便地在三维空间中绘图，AutoCAD 允许用户建立自己专用的坐标系，即用户坐标系（User Coordinate System，UCS），如图 7-3a 所示。

利用 AutoCAD 的 UCS 功能，用户就可以很容易地绘制出三维立体图。WCS 与 UCS 的工作方法是一样的，所不同的是，当坐标系改变后，其中的"口"字符会消失，如图 7-3b 所示。所以绘图时，可以通过观察坐标图中有无"口"字符来判别当前工作的坐标系是 WCS 还是 UCS。

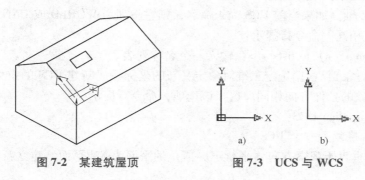

图 7-2　某建筑屋顶　　　　图 7-3　UCS 与 WCS

7.1.2　用户坐标系 UCS 的设置

1. 用 UCS 命令创建用户坐标系

用户坐标系的建立可以通过执行 UCS 命令来完成，执行过程如下：

在命令行输入 UCS 并按<Enter>键，出现如下的提示信息：

Specify origin of UCS or ［Face/Named/Object/Previous/View/World/X/Y/Z/Zaxis］<World>：

这时要求用户输入选项，各选项的含义详细介绍如下：

● Specify origin of UCS：使用一点、两点或三点定义一个新的 UCS。如果指定单个点，则当前 UCS 的原点将会移动而不会更改 X、Y 和 Z 轴的方向。

如果指定第二点，则 UCS 将绕先前指定的原点旋转，以使 UCS 的 X 轴正半轴通过该点。

如果指定第三点，则 UCS 将绕 X 轴旋转，以使 UCS 的 XY 平面的 Y 轴正半轴包含该点。

● Face：将 UCS 与三维实体的选定面对齐。要选择一个面，请在此面的边界内或面的边上单击，被选中的面将亮显，UCS 的 X 轴将与找到的第一个面上的最近的边对齐。

● Named：按名称保存并恢复通常使用的 UCS 方向。选择该选项，命令行中将出现如下的提示：

Enter an option ［Restore/Save/Delete/？］：

下面分别介绍各个选项。

●● ［Restore］：恢复已保存的 UCS，使它成为当前 UCS。命令行提示：

Enter name of UCS to restore or ［?］

［name］：指定一个已命名的 UCS。

［?］：列出当前已定义的 UCS 的名称。

Enter UCS name（s）to list<*>：输入名称列表或按<Enter>键列出所有 UCS。

●● ［Save］：把当前 UCS 按指定名称保存。名称最多可以包含 255 个字符，包括字母、数字、空格和 Microsoft & Windows 和本程序未作他用的特殊字符。命令行提示：

Enter name to save current UCS or ［?］：输入名称或输入?

●● ［Delete］：从已保存的用户坐标系列表中删除指定的 UCS。命令行提示：

Enter UCS name（s）to delete<none>：输入名称列表。

●● ［?］：列出用户定义坐标系的名称，并列出每个保存的 UCS 相对于当前 UCS 的原点以及 X、Y 和 Z 轴。如果当前 UCS 尚未命名，则它将列为 WORLD 或 UNNAMED，这取决于它是否与 WCS 相同。命令行提示：

Enter UCS name（s）to list<*>：输入一个名称列表。

● Object（对象）：根据选定三维对象定义新的坐标系。新建 UCS 的拉伸方向（Z 轴正方向）与选定对象的拉伸方向相同。选择该选项，命令行提示：

Select object to align UCS：

● Previous：恢复上一个 UCS。

● View：以垂直于观察方向（平行于屏幕）的平面为 XY 平面，建立新的坐标系。UCS 原点保持不变。

● World：将当前用户坐标系设置为世界坐标系。WCS 是所有用户坐标系的基准，不能被重新定义。

● X/Y/Z：绕指定轴旋转当前 UCS。选择该选项，命令行提示：

Specify rotation angle about n axis<0>：

在提示中，n 代表 X、Y 或 Z。输入正角度或负角度以旋转 UCS。

● Zaxis（ZA）：用指定的 Z 轴正半轴定义 UCS。选择该选项，命令行提示：

Specify new origin point or ［Object］<0, 0, 0>：指定新原点或输入对象 O。

Specify point on positive portion of Z-axis <0, 0, 1>：在 Z 轴的上半轴范围上指定点。

通过以上操作指定新原点和位于新建 Z 轴正半轴上的点。"Z 轴"选项使 XY 平面倾斜。

选择 ［Object］：将 Z 轴与离选定对象最近的端点的切线方向对齐。Z 轴正半轴指向背离对象的方向。命令行提示：

Select object：选择一端开口的对象。

2. 用其他方法创建用户坐标系

在 AutoCAD 2021 中，还可以通过以下方法创建用户坐标系。

图 7-4 "Coordinates" 面板

> 在"Home"选项卡的"Coordinates"面板中单击相关的 UCS 按钮，如图 7-4 所示。
> 在"Visualize"选项卡的"Coordinates"面板中单击相关的 UCS 按钮。

7.1.3　视点的设置

在以前的章节中，所进行的绘图工作都是在 XY 平面中进行的，绘图的视点不需要改变。但在绘制三维立体图形时，一个视点往往不能满足观察图形各个部位的需要，用户需要经常变化视点，从不同的角度来观察三维物体。AutoCAD 提供了灵活的选择视点的功能，下面分别进行介绍。

1. 用-Vpoint 命令选择视点

-Vpoint 命令为用户提供了通过命令行操作选择视点的方式。

在命令行输入-Vpoint 并按<Enter>键即可启动该命令。启动-Vpoint 命令后，命令行出现如下提示：

Current view direction：VIEWDIR = 0. 0000，0. 0000，1. 0000

Specify a view point or［Rotate］<display compass and tripod>：

提示信息中各选项含义如下：

Rotate：根据角度确定视点。执行该选项命令行提示：

Enter angle in XY plane from X axis<0>：输入新视点在 XY 平面内的投影与 X 轴正方向的夹角（如 α）。

Enter angle from XY plane<0>：要求输入所选择视点的方向与 XY 平面的夹角（如 β）。

用户输入的这两个角度的示意图如图 7-5 所示。

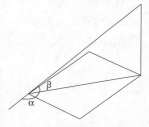

图 7-5　根据角度确定视点

Specify a view point：通过直接输入视点的绝对坐标值（X，Y，Z）来确定视点的位置。

 说明：

① Vpoint 命令所设视点为轴测投影，而不是透视图，其投影方向是视点与坐标原点的连线方向。

② 视点只指明方向，不指定距离。也就是说，在视点与原点连线及其延长线上选任意一点作为视点，其观察效果是一样的。

③ 一旦用-Vpoint 命令选择一个视点后，这个位置就一直会保持到重新用-Vpoint 命令改变它为止，但我们也可以使用 Zoom 命令的 P 选项恢复到前一个视点。

④ 当新的视点使坐标系的 XOY 平面与屏幕相垂直时，坐标成为断笔状，如图 7-6 所示。

2. 罗盘确定视点

如果执行-Vpoint 命令后，在 Specify a view point or［Rotate］<display compass and tripod>：提示符下不输入任何选项而直接按<Enter>键，则在屏幕上会出现如图 7-7 所示的罗盘图形，同时在罗盘的旁边还有一个可拖动的坐标轴，利用它可以直观地设置新的视点。

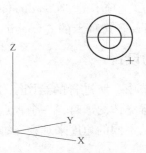

图 7-6 断笔状坐标　　　　　　图 7-7 罗盘确定视点

在图 7-7 中，罗盘相当于一个球体的俯视图，其中的小十字光标便代表视点的位置，光标在小圆环内表示视点位于 Z 轴正方向一侧，当光标落在内外环之间时，说明视点位于 Z 轴的负方向一侧，单击光标便可设置视点。

3. 对话框选择视点

除使用命令-Vpoint 和罗盘设置视点外，AutoCAD 2021 还为用户提供了更为直观的方式——对话框设置方式。使用 Vpoint 命令，用户可以通过对话框来选择设置新的视点。

在命令行输入 Vpoint（简捷命令 VP）并按<Enter>键。

启动该命令后，屏幕上弹出如图 7-8 所示的对话框。

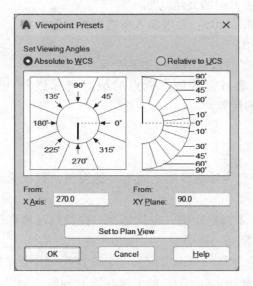

图 7-8 "Viewpoint Presets" 对话框

利用该对话框可以方便地进行视点选择，对话框中各部分的含义如下：

- Absolute to WCS 单选按钮：确定是否使用绝对世界坐标系。
- Relative to UCS 单选按钮：确定是否使用用户坐标系。
- From X Axis 文本框：在该文本框中可以确定新的视点方向在 XY 平面内的投影与 X 正方向的夹角。
- From XY Plane 文本框：在该文本框中用户可以输入新视点方向与 XY 平面的夹角。

- Set to Plan View 按钮：单击该按钮，可以返回到 AutoCAD 初始视点状态，即俯视图状态。

4. 其他方法设置三维视图

绘制三维模型时，由于模型有多个面，仅从一个角度不能观看到模型的其他面，因此，应根据情况选择相应的观察点。三维视图样式有多种，其中包括俯视、仰视、左视、右视、前视、后视、西南等轴测、东南等轴测、东北等轴测和西北等轴测。

在 AutoCAD 2021 中，用户可以通过以下方法设置三维视图。

➢ 在"Home"选项卡的"View"面板中单击"3D Navigation"下拉按钮，在打开的下拉列表中选择相应的视图选项即可，如图 7-9 所示。

➢ 在"View"选项卡下的"Named Views"面板中，选择相应的视图选项即可，如图 7-10 所示。

➢ 在绘图窗口中单击视图控件图标"Top"，在打开的快捷菜单中选择相应的视图选项即可，如图 7-11 所示。

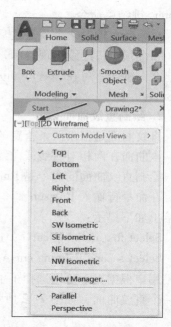

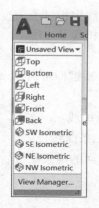

图 7-9　"3D Navigation"　　　　图 7-10　"Named Views"列表　　　图 7-11　视图控件快捷菜单面板
　　　　下拉列表

7.2　三维模型构造

三维模型构造包括三维曲面模型创建、三维实体模型创建以及三维实体模型之间的布尔运算。在本节中，我们将分别加以介绍。

7.2.1　创建三维曲面模型

在 AutoCAD 中，用户可以自由地构造三维空间内的平面、曲面以及三维形体的表面。下面将介绍在 AutoCAD 中创建三维曲面的命令及操作方法。

1. 用 3Dface 命令创建三维面

AutoCAD 为创建三维空间平面提供了 3Dface 命令，利用 3Dface 命令可以构造空间任意位置的平面，平面的顶点可以有不同的 X、Y、Z 坐标，但不能超过 4 个顶点。只有当用户选择的 4 个顶点共面时，AutoCAD 才会认为由这 4 个顶点确定的平面是存在的。由 3Dface 命令创建的平面，AutoCAD 在屏幕上只显示其轮廓线。

在命令行输入 3Dface（3F）并按<Enter>键即可启动该命令。启动命令后，命令行出现如下提示：

Specify first point or［Invisible］：输入第一个顶点。

Specify second point or［Invisible］：输入第二个顶点。

Specify third point or［Invisible］<exit>：输入第三个顶点。

Specify fourth point or［Invisible］<create three-sided face>：输入第四个顶点。

Specify third point or［Invisible］<exit>：继续输入第三个顶点，以建立第二个三维面或按<Enter>键结束命令。

在第一次输完 4 个顶点之后，AutoCAD 自动将最后 2 个顶点当作下一个三维平面的第一、二个顶点，继续出现提示，要求用户继续输入下一平面的第三和第四个顶点。若不需要再建立三维面，可在 Specify third point or［Invisible］<exit>：提示下按<Enter>键，结束本次命令。

2. 绘制直纹曲面

直纹曲面是指由两条指定的直线或曲线为相对的两边而生成的一个用三维网格表示的曲面，该曲面在两相对直线或曲线之间的网格线是直线。

绘制直纹曲面的命令是 Rulesurf。

在命令行输入 Rulesurf 命令并按<Enter>键即可启动该命令。启动 Rulesurf 命令后，命令行给出如下提示：

Select first defining curve：选择第一条曲线。

Select second defining curve：选择第二条曲线。

用户根据提示分别选择了生成直纹曲面的两条曲线后，AutoCAD 便自动在两曲线之间生成一个直纹曲面，如图 7-12 所示。

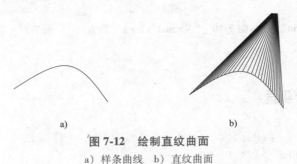

a)   b)

图 7-12　绘制直纹曲面

a）样条曲线　b）直纹曲面

可以看出，创建直纹曲面的前提是必须先有两条曲线或直线。

3. 绘制旋转曲面

在 AutoCAD 中，利用一条曲线围绕某一个轴旋转一定角度，可以产生一个光滑的旋转曲面，若旋转一周，即可生成一个封闭的旋转曲面。旋转曲面也是用三维多边形网格表示的，网格密度在旋转方向分别由两个系统变量进行控制。

通常，AutoCAD 将曲线的旋转方向称为 M 向，旋转所围绕的轴线方向称为 N 向。M 向的网格密度由系统变量 Surftab1 确定，N 向的网格密度由 Surftab2 变量确定，这两个系统变量的设置方法相同，只需执行如下命令序列（以 Surftab1 为例）：

在命令行输入 Surftab1，命令行给出如下提示：

Enter new value for SURFTAB1<6>：输入新值。

AutoCAD 中绘制旋转曲面的命令是 Revsurf。

在命令行输入 Revsurf 命令并按<Enter>键即可启动该命令。启动 Revsurf 命令后，命令行给出如下提示：

Select object to revolve：选择旋转曲线。

Select object that defines the axis of revolution：选择旋转轴。

Specify start angle<0>：输入旋转起始角度。

Specify included angle（+=ccw，-=cw）<360>：输入旋转角度，逆时针为正，顺时针为负，默认角度为 360。

图 7-13 即为样条曲线执行旋转曲面命令后的操作结果。

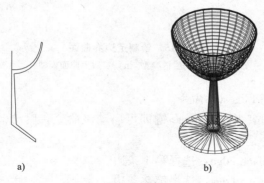

a)　　　　　　　　　　　　　　b)

图 7-13　绘制旋转曲面

a）样条曲线　b）旋转曲面

4. 绘制拉伸曲面

拉伸曲面是指由一条初始轨迹线沿指定的矢量方向伸展而成的曲面。绘制拉伸曲面的命令是 Tabsurf。

在命令行输入 Tabsurf 并按<Enter>键即可启动该命令。启动 Tabsurf 命令后，命令行给出如下提示：

Select object for path curve：选取轨迹线。

Select object for direction vector：选择矢量方向（即确定轨迹线的伸展方向）。

确定了轨迹线和伸展矢量后，AutoCAD 将自动生成一个由多边形网格表示的三维曲面，如图 7-14 所示。

5. 绘制定边界曲面

在 AutoCAD 中，绘制曲面除可以采用以上所述方法外，还提供了一种更加灵活方便的

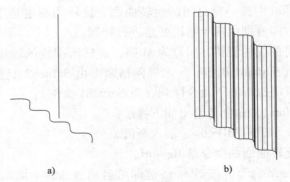

图 7-14 绘制拉伸曲面

a）轨迹线及方向矢量 b）拉伸曲面

方法，即定边界绘制曲面（Edgesurf）。该方法是先确定曲面的 4 条边，然后再通过 4 条边生成曲面，如图 7-15 所示。

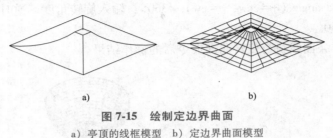

图 7-15 绘制定边界曲面

a）亭顶的线框模型 b）定边界曲面模型

绘制定边界曲面使用 Edgesurf 命令。

在命令行输入 Edgesurf 并按<Enter>键即可启动该命令。启动 Edgesurf 命令后命令行给出如下提示：

Select object 1 for surface edge：选择第 1 条边。

Select object 2 for surface edge：选择第 2 条边。

Select object 3 for surface edge：选择第 3 条边。

Select object 4 for surface edge：选择第 4 条边。

4 条边选择完毕后，AutoCAD 自动生成多边形网格。M 向和 N 向的网格密度分别由系统变量 Surftab1 和 Surftab2 控制。

如果 4 条边没有首尾相连，则出现错误提示：Edge does not touch another edge。

7.2.2 创建基本三维实体

三维实体（Solid）是三维图形中最重要的一部分，它具有实体的特征，即其内部是实心的，而上节中所讲述的三维形体表面只是一个空壳。用户可以通过布尔运算对三维实体进行打孔、打洞等编辑，从而形成具有实用意义的物体。在实际的三维绘图工作中，三维实体是最常见的。

AutoCAD 可以方便地创建出一些基本形状的三维实体，这些三维实体主要包括：Box（长方体）、Sphere（球体）、Cylinder（圆柱体）、Cone（圆锥体）、Wedge（楔形体）、Torus

（圆环体）。这些实体都是三维绘图中的基本体素，下面分别介绍它们的绘制方法。

1. Box（长方体）

Box 命令用于绘制长方体或正方体。

在命令行输入 Box 并按<Enter>键即可启动该命令。启动 Box 命令后，命令行出现如下提示：

Specify first corner or［Center］：确定长方体的一个顶点。

Specify other corner or［Cube/Length］：确定长方体的另一个顶点的位置。

Specify height or［2Point］：指定高度或输入选项。

提示中其他选项分别介绍如下：

● Cube：该选项用来生成正方体，执行该选项，将出现提示：

Specify length：要求用户输入正方体的边长。

● Length：该选项用来确定长方体的长、宽、高的尺寸，从而确定长方体的大小。执行该选项，命令行提示：

Specify length：输入长方体的长。

Specify width：输入长方体的宽。

Specify height or［2Point］：输入长方体的高。

● 2Point：该选项指定长方体的高度为两个指定点之间的距离。执行该选项，命令行提示：

Specify first point：指定第一点。

Specify second point：指定第二点。

如果用户选择［Center］选项，命令行提示：

Specify center：输入长方体底面中心点的坐标。

Specify corner or［Cube/Length］：确定长方体的某一个顶点的位置。

该提示中后两个选项与上面所述含义相同，不再介绍。

2. Sphere（球体）

Sphere 命令用来创建实心球体。

在命令行输入 Sphere 并按<Enter>键即可启动该命令。启动 Sphere 命令之后，命令行出现如下提示：

Specify center point or［3P/2P/Ttr］：指定球体中心点的位置。

Specify radius or［Diameter］：输入球体的半径或直径。

提示中其他选项分别介绍如下：

● 3P：该选项通过在三维空间的任意位置指定三个点来定义球体的圆周，执行该选项，将出现提示：

Specify first point：指定第一点。

Specify second point：指定第二点。

Specify third point：指定第三点。

● 2P：该选项通过在三维空间的任意位置指定两个点来定义球体的圆周，执行该选项，命令行提示：

Specify first end point of diameter：指定直径的第一个端点。

Specify second end point of diameter：指定直径的第二个端点。

• Ttr：通过指定半径定义可与两个对象相切的球体，执行该选项，命令行提示：

Specify point on object for first tangent：指定对象上的点作为第一个切点。

Specify point on object for second tangent：指定对象上的点作为第二个切点。

Specify radius of circle：指定半径。

3. Cylinder（圆柱体）

Cylinder 命令可用来绘制圆柱体或椭圆柱体。

在命令行输入 Cylinder 并按<Enter>键即可启动该命令。启动 Cylinder 命令之后，命令行出现如下提示：

Specify center point of base or ［3P/2P/Ttr/Elliptical］：确定圆柱体端面中心点的位置或输入选项。

提示中其他选项分别介绍如下：

• 3P：该选项通过指定三个点来定义圆柱体的底面周长和底面，执行该选项，将出现提示：

Specify first point：指定第一点。

Specify second point：指定第二点。

Specify third point：指定第三点。

Specify height or ［2Point/Axis endpoint］：指定高度、输入选项或按默认高度值确定。

• 2P：该选项通过指定两个点来定义圆柱体的底面直径，执行该选项，命令行提示：

Specify first end point of diameter：指定直径的第一个端点。

Specify second end point of diameter：指定直径的第二个端点。

Specify height or ［2Point/Axis endpoint］：指定高度、输入选项或按<Enter>键指定默认高度值。

• Ttr：定义具有指定半径，且与两个对象相切的圆柱体底面。执行该选项，命令行提示：

Specify point on object for first tangent：指定对象上的点作为第一个切点。

Specify point on object for second tangent：指定对象上的点作为第二个切点。

Specify radius of circle：指定底面半径，或按<Enter>键指定默认的底面半径值。

Specify height or ［2Point/Axis endpoint］：指定高度、输入选项或按<Enter>键指定默认高度值。

• Elliptical：指定圆柱体的椭圆底面，执行该选项，命令行提示：

Specify endpoint of first axis or ［Center］：指定第一个轴的端点或中心。

Specify other endpoint of first axis：指定第一个轴的另一个端点。

Specify endpoint of second axis：指定第二个轴的端点。

Specify height or ［2Point/Axis endpoint］：指定高度、输入选项或按<Enter>键指定默认高度值。

上述各选项执行过程中的 ［2Point/Axis endpoint］ 分别表示如下含义：

•• 2Point：指定圆柱体的高度为两个指定点之间的距离，执行该选项，命令行提示：

Specify first point：指定第一个点。

Specify second point：指定第二个点。

•• **Axis endpoint**：指定圆柱体轴的端点位置，执行该选项，命令行提示：

Specify axis endpoint：指定轴端点。

若按默认选项指定圆柱体端面中心点的位置后，AutoCAD 继续提示：

Specify base radius or［Diameter］：指定底面半径、输入 d 指定直径或按<Enter>键指定默认的底面半径值。

Specify height or［2Point/Axis endpoint］：指定高度或输入选项或按<Enter>键指定默认高度值。

4. Cone（圆锥体）

Cone 命令用于绘制圆锥体或椭圆锥体。

在命令行输入 Cone 并按<Enter>键即可启动该命令。启动 Cone 命令后，命令行出现如下提示：

Specify center point of base or［3P/2P/Ttr/Elliptical］：指定底面的中心点或输入选项。

Specify base radius or［Diameter］：指定底面半径或直径或按<Enter>键指定默认的底面半径值。

Specify height or［2Point/Axis endpoint/Top radius］：指定高度或输入选项或按<Enter>键指定默认高度值。

我们只介绍 "Top radius" 选项的含义，其余选项与执行圆柱体命令过程中出现的选项含义相同。

Top radius：该选项用来在创建圆台时指定圆台的顶面半径。执行该选项，命令行提示：

Specify top radius：指定顶面半径或按<Enter>键指定默认值。

5. Wedge（楔形体）

Wedge 命令用来绘制楔形实体。

在命令行输入 Wedge 并按<Enter>键即可启动该命令。启动 Wedge 命令后，命令行出现如下提示：

Specify first corner or［Center］：指定第一个角点或中心。

Specify other corner or［Cube/Length］：指定其他角点或立方体/长度，该提示中，C 选项用来生成等边楔形体，L 选项用来根据长、宽、高 3 个参数生成楔形体。

如果选择 Center，可按中心点方式生成楔形体。

6. Torus（圆环体）

Torus 命令用于创建圆环实体。

在命令行输入 Torus 并按<Enter>键即可启动该命令。启动 Torus 命令后，命令行出现下列提示：

Specify center point or［3P/2P/Ttr］：指定中心点或输入选项。

Specify radius or［Diameter］：指定半径或直径。

Specify tube radius or［2Point/Diameter］：指定圆管半径或其他选项。

上述选项与前面介绍的相同，不再赘述。

7.2.3 创建复杂三维实体

创建三维实体，归纳起来可通过两种途径：一种是直接输入实体的控制尺寸，由 AutoCAD 相关函数自动生成；另一种是由二维图形以旋转或拉伸等方式生成。前者只能创建一些基本的规则实体，后者则可以创建出更为灵活的实体。下面介绍常用的创建复杂三维实体的方法。

1. 拉伸实体

对封闭的二维实体沿某一指定路线进行拉伸，可以建立复合实体，即较复杂而不规则的实体图形，可以拉伸成三维实体的二维图形包括：闭合多义线、多边形、3D 多义线、圆和椭圆，用来拉伸的多义线必须是封闭的。AutoCAD 中用来建立拉伸的命令是 Extrude。

在命令行输入 Extrude（EXT）并按<Enter>键即可启动该命令。启动 Extrude 命令后，命令行出现如下提示：

Select objects to extrude or ［Mode］：选择要拉伸的对象。

Select objects to extrude or ［Mode］：按<Enter>键结束选择或继续选择。

Specify height of extrusion or ［Direction/Path/Taper angle/Expression］：指定拉伸高度或输入选项［方向/路径/倾斜角/表达式］；按指定高度进行拉伸，如果输入正值，将沿对象所在坐标系的 Z 轴正方向拉伸对象。如果输入负值，将沿 Z 轴负方向拉伸对象。对象不必平行于同一平面。如果所有对象处于同一平面上，将沿该平面的法线方向拉伸对象。

- Direction：通过指定的两点指定拉伸的长度和方向，执行该选项，命令行提示：

Specify start point of direction：指定方向的起点。

Specify end point of direction：指定方向的端点。

- Path：选择基于指定曲线对象的拉伸路径，路径将移动到轮廓的质心，然后沿选定路径拉伸选定对象的轮廓以创建实体或曲面。路径选取完毕后，二维图形即沿着指定路径的方向进行拉伸，且拉伸长度与作为路径的实体相同，如图 7-16 所示。

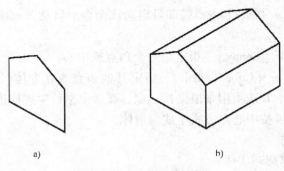

a)   b)

图 7-16　拉伸实体示例

a）二维图形　b）拉伸实体

- Taper angle：执行 Taper angle 选项，命令行提示：

Specify angle of taper for extrusion or ［Expression］：指定拉伸的倾斜角或指定点。

如果为倾斜角指定一个点而不是输入值，则必须拾取第二个点。用于拉伸的倾斜角是两个指定点之间的距离。

2. 旋转实体

旋转实体是将一些二维图形绕指定的轴旋转而形成三维实体。用于旋转生成实体的二维对象可以是圆、椭圆、二维多义线及面域，如图 7-17 所示。AutoCAD 中用来生成旋转实体的命令是 Revolve。

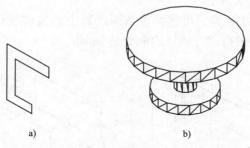

a)　　　　　　　　　b)

图 7-17　二维图形旋转生成三维实体

a）二维图形　b）旋转实体

在命令行输入 Revolve（REV）并按<Enter>键即可启动该命令。启动 Revolve 命令后，命令行出现下列提示：

Select objects to revolve or ［Mode］：选择要旋转的对象。

Select objects to revolve or ［Mode］：按<Enter>键结束选择或继续选择。

Specify axis start point or define axis by ［Object/X/Y/Z]<Object>：指定轴起点或根据以下选项之一定义轴。

指定轴起点后，命令行提示：

Specify axis endpoint：指定轴端点。

Specify angle of revolution or ［Start angle/Reverse/Expression]<360>：指定旋转角度或起点角度。

选择 Start angle 选项，命令行继续提示：

Specify start angle：指定起点角度或按<Enter>键。

Specify angle of revolution or ［Start angle/Expression］< 360 >：指定旋转角度或按<Enter>键。

提示中各选项含义分别介绍如下：

- Object：使用户可以选择现有的对象，此对象定义了旋转选定对象时所绕的轴。选择该选项后，命令行提示：

Select an object：选择对象。

Specify angle of revolution or ［Start angle/Reverse/Expression]<360>：指定旋转角度或按<Enter>键。

- X/Y/Z：使用当前 UCS 的正向 X/Y/Z 轴作为轴的正方向。以 X 项为例，选择该项后，命令行出现如下提示：

Specify angle of revolution or ［Start angle/Reverse/Expression]<360>：指定旋转角度或按<Enter>键。

3. 三维实体的布尔运算

在三维绘图中，复杂实体往往不能一次生成，一般都是由相对简单的实体通过布尔运算组合而成的。布尔运算就是对多个三维实体进行求并、求差和求交的运算，使它们进行组合，最终形成用户需要的实体。

（1）Union（求并运算）

对所选的实体进行求并运算，可将两个或两个以上的实体进行合并，使之成为一个整体，如图 7-18 所示。用来进行求并运算的命令是 Union。

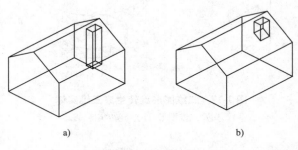

a)　　　　　　　　　　　　b)

图 7-18　求并运算

a）运算前　b）运算后

在命令行输入 Union（UNI）并按<Enter>键即可启动该命令。启动 Union 命令后，命令行出现如下提示：

Select objects：要求用户选择被合并的实体。

Select objects：在此提示下，继续进行选择，也可以按<Enter>键结束选择，AutoCAD 便开始进行合并运算。

（2）Subtract（求差运算）

对三维实体或二维面域进行求差运算，实际上就是从一个实体中减去另一个实体，最终得到一个新的实体，如图 7-19 所示。求差运算的命令是 Subtract。

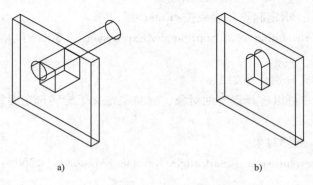

a)　　　　　　　　　　　　b)

图 7-19　求差运算

a）运算前　b）运算后

在命令行输入 Subtract（SU）并按<Enter>键即可启动该命令。启动 Subtract 命令后，命令行出现如下提示：

Select objects：选择被减的实体。

Select objects：按<Enter>键出现以下提示：

Select objects：选取作为减数的实体并在完成时按<Enter>键。

（3）Intersect（求交运算）

对两个或两个以上的实体进行求交运算，将得到这些实体的公共部分，而每个实体的非公共部分将被删除。求交运算的命令是 Intersect。

在命令行输入 Intersect 并按<Enter>键即可启动该命令。启动 Intersect 命令后，命令行出现以下提示：

Select objects：选取进行求交的实体。

Select objects：按<Enter>键结束命令或继续选取。

7.2.4　三维图形显示

AutoCAD 提供了多种显示和观察方式来获得满意的三维效果或对三维场景进行全面的观察和了解。Hide（消隐）和 Vscurrent（视觉样式）是常用的两种显示方式。

1. Hide（消隐）

对三维物体进行消隐操作，可隐藏屏幕上存在的而实际上应被遮挡住的轮廓线条或其他线条，图 7-20 所示的图形就是一个经过消隐后的三维实体，可以看出，消隐后的实体更加符合现实中的视觉感受。AutoCAD 中进行消隐的命令是 Hide。

在命令行输入 Hide（HI）并按<Enter>键即可启动该命令。启动 Hide 命令后，用户无需进行目标选择，AutoCAD 将对当前视窗内的所有实体自动进行消隐，这大概需要数秒钟的时间。之后，当 AutoCAD 在命令行出现 Hiding lines 100% done：提示时，说明消隐已经完成，屏幕上将显示出消隐后的图形。用户可对以往绘制的实体图形进行消隐，从中体会消隐的效果。

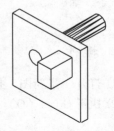

图 7-20　消隐后的三维实体

2. Vscurrent（视觉样式）

使用 Vscurrent（视觉样式）命令可以控制图形对象的显示方式。

在命令行输入 Vscurrent 并按<Enter>键即可启动该命令。启动视觉样式命令后，命令行给出如下提示：

Enter an option ［2dwireframe/Wireframe/Hidden/Realistic/Conceptual/Shaded/shaded with Edges/shades of Gray/Sketchy/X-ray/Other］<2dwireframe>：

提示中各个选项的含义分别介绍如下：

● 2dwireframe：该选项显示实体线框模型。选择该选项，所有的三维实体均以直线、曲线组成的线框边界显示，同时图标以二维方式显示。

● Wireframe：选择该选项，实体将以线框模型显示，但同时显示三维彩色图标。

● Hidden：显示用三维线框表示的对象并隐藏表示后向面的直线。

● Realistic：选择该选项，显示着色后的多边形平面间的对象，并使对象的边平滑化，同时显示已经附着到对象上的材质效果。

- Conceptual：选择该选项，着色多边形平面间的对象，并使对象的边平滑化。着色使用冷色和暖色之间的过渡。效果缺乏真实感，但是可以更方便地查看模型的细节。
- Shaded：产生平滑的着色模型。
- shaded with Edges：产生平滑、带有可见边的着色模型。
- shades of Gray：使用单色面颜色模式可以产生灰色效果。
- Sketchy：使用外伸和抖动产生手绘效果。
- X-ray：更改面的不透明度使整个场景变成部分透明。
- Other：选择该选项，将出现以下提示：

Enter a visual style name or〔?〕：输入当前图形中的视觉样式的名称或输入？以显示名称列表并重复该提示。

7.3 凉亭的绘制

为了快速而准确地建立三维模型，我们首先以中国传统古建凉亭的绘制为例，巩固学习三维模型的构造及具体操作，为建立较为复杂的建筑模型作准备。

7.3.1 绘制亭顶

我们将以一个亭顶线框为例，学习 UCS 的具体操作以及调用不同的视点来观察三维视图。

视频：绘制亭顶

 操作：

① 打开一张新图，执行 Polygon 命令，绘制一个正六边形，边长为 4000。

② 执行 Offset（O）命令，再向里复制一个小正六边形，复制距离为 2500，如图 7-21 所示。

③ 在命令行输入 -Vpoint 并按 <Enter> 键两次，利用罗盘观察，选择观察点，如图 7-22 所示。

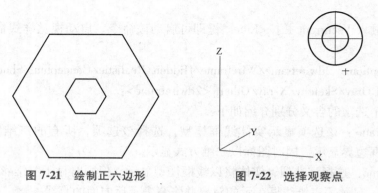

图 7-21 绘制正六边形　　　图 7-22 选择观察点

这时两个正六边形线框已经变为如图 7-23 所示的图形。

④ 执行 Move（M）命令，输入相对坐标 @0，0，1000，将小正六边形沿 Z 轴向上移

图 7-23　利用罗盘观察正六边形线框

动 1000。

⑤ 执行 Line（L）命令连接大、小正六边形的一条对角线，如图 7-24 所示。

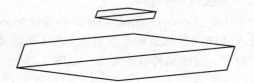

图 7-24　连接大、小正六边形的一条对角线

⑥ 在命令行输入 UCS 并按<Enter>键（启动 UCS 命令）。

⑦ 在 Specify origin of UCS or ［Face/Named/Object/Previous/View/World/X/Y/Z/ZAxis］<World>：提示下，单击大六边形对角线的中点，确定新的 UCS 的原点。

⑧ 在 Specify point on X-axis or<accept>：提示下，单击大六边形的角点 A 点，确定 X 轴方向。

⑨ 在 Specify point on the XY plane or<accept>：提示下，单击小六边形对角线的中点，确定 Y 轴方向。

这样利用"三点"完成了一个 UCS 的设置，如图 7-25 所示。

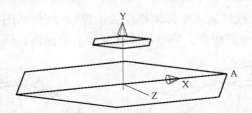

图 7-25　利用"三点"完成一个 UCS 的设置

⑩ 在命令行输入 Arc 并按<Enter>键。

⑪ 在 Specify start point of arc or ［Center］：提示下，捕捉小正六边形角点 B 并单击。

⑫ 在 Specify second point of arc or ［Center/End］：提示下，输入 E 并按<Enter>键。

⑬ 在 Specify end point of arc：提示下，捕捉大正六边形的 A 点并按<Enter>键。

⑭ 在 Specify center point of arc（hold Ctrl to switch direction）or ［Angle/Direction/Radius］：提示下，输入 A 并按<Enter>键。

⑮ 在 Specify included angle（hold Ctrl to switch direction）：提示下，输入 60（指定角度）并按<Enter>键，结果如图 7-26 所示。

⑯ 在命令行输入 UCS 并按<Enter>键。

⑰ 在 Specify origin of UCS or ［Face/Named/Object/Previous/View/World/X/Y/Z/ZAxis］

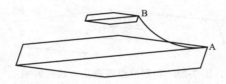

图 7-26 绘制一条亭顶弧线

<World>：提示下，直接按<Enter>键（返回世界坐标系）。

⑱ 在命令行输入-Vpoint 并按<Enter>键。

⑲ 在 Specify a view point or ［Rotate］<display compass and tripod>：提示下，输入 0，0，1 并按<Enter>键（通过输入特殊点坐标返回平面视图），并删除辅助线，如图 7-27 所示。

⑳ 执行 Array（AR）命令，完成另外五条弧线，如图 7-28 所示。

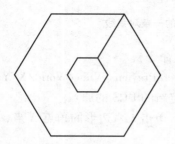

图 7-27 亭顶平面视图

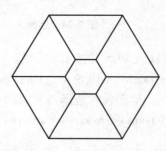

图 7-28 在平面视图中完成另五条亭顶弧线

㉑ 在命令行输入-Vpoint 并按<Enter>键。

㉒ 在 Specify a view point or ［Rotate］<display compass and tripod>：提示下，输入 10，-26，10 并按<Enter>键（通过输入坐标调整视点位置），结果如图 7-29 所示。

执行 Edgesurf 定边界曲面命令，将亭顶线框变为六个曲面，结果如图 7-30 所示。

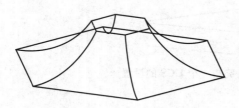

图 7-29 亭顶线框绘制完成

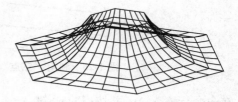

图 7-30 亭顶曲面完成

这样亭顶就绘制完成了，此时我们可以执行 Wblock（W）命令，以"亭顶"为图块名称将亭顶保存起来，以备后用。在执行 Wblock（块存盘）命令时需要注意，为了便于以后操作，我们必须将插入的基点选在大正六边形的对角线中点处。

7.3.2 绘制凉亭台基

凉亭台基的绘制我们执行 Polygon 命令来完成。

1. 绘制台基

视频：绘制台基、
台阶及柱子等

操作：

① 打开一张新图，设置合适的绘图范围。

② 执行 Polygon 命令，绘制一个正六边形，边长为 3600。

③ 在命令行输入 Extrude（EXT）并按<Enter>键。

④ 在 Select objects to extrude or［Mode］：提示下，选择正六边形。

⑤ 在 Specify height of extrusion or［Direction/Path/Taper angle/Expression］：提示下，输入 450 并按<Enter>键（确定台基高度）。

⑥ 执行 Zoom（Z）命令的 E 选项，将 Box 充满全屏。

2. 改变观察点

操作：

① 在命令行输入-Vpoint 并按<Enter>键（启动 Vpoint 命令）。

② 在 Specify a view point or［Rotate］<display compass and tripod>：提示下，直接按<Enter>键，屏幕上出现罗盘及三角架，确定视点如图 7-31 所示。

这样就绘制完成了一个 Box 作为凉亭台基，如图 7-32 所示。

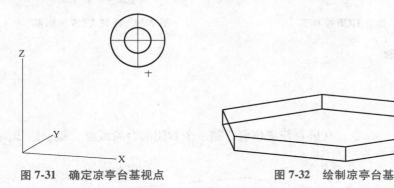

图 7-31　确定凉亭台基视点　　　　图 7-32　绘制凉亭台基

7.3.3　绘制台阶

绘制台阶可以通过将二维图形拉伸形成。下面我们分几个步骤来完成台阶以及挡墙的绘制。

1. 建立 UCS 坐标系

操作：

① 在命令行输入 UCS 并按<Enter>键（启动 UCS 命令）。

② 在 Specify origin of UCS or［Face/Named/Object/Previous/View/World/X/Y/Z/ZAxis］

<World>：提示下，单击 A 点并按<Enter>键，确定用户坐标原点。

③ 在 Specify point on X-axis or<accept>：提示下，单击 B 点并按<Enter>键，确定 X 轴方向。

④ 在 Specify point on the XY plane or<accept>：提示下，单击 C 点并按<Enter>键，确定 Y 轴方向。

结果如图 7-33 所示。

2. 旋转 UCS 坐标系

 操作：

① 在命令行直接按<Enter>键（重新启动 UCS 命令）。

② 在 Specify origin of UCS or［Face/Named/Object/Previous/View/World/X/Y/Z/ZAxis］<World>：提示下，输入 Y 并按<Enter>键，指定 UCS 坐标绕 Y 轴旋转。

③ 在 Specify rotation angle about Y axis<90>：提示下输入-90。

结果如图 7-34 所示。

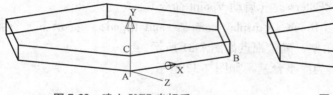

图 7-33　建立 UCS 坐标系　　　　　　　图 7-34　旋转 UCS 坐标系

3. 绘制二维图形

 操作：

执行 Pline（PL）命令，在屏幕任意位置绘制一个封闭的台阶线框，每一踏步高为 150，宽为 300，如图 7-35 所示。

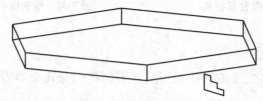

图 7-35　绘制封闭的台阶线框

4. 拉伸二维图形

 操作：

① 在命令行输入 Extrude（EXT）并按<Enter>键（启动拉伸命令）。

② 在 Select objects to extrude or ［Mode］：提示下，单击选择台阶截面二维线框后按 <Enter>键。

③ 在 Specify height of extrusion or ［Direction/Path/Taper angle/Expression］：提示下，输入台阶长度并按<Enter>键，结果如图 7-36 所示。

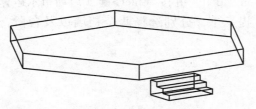

图 7-36　二维台阶拉伸成三维台阶

5. 绘制挡墙

 操作：

① 执行 Pline（PL）命令，连接点 1、2、3、4 和 5，绘制一个封闭的二维线框。

② 执行 Extrude（EXT）命令，将二维线框拉成拉伸长度为 300 的挡墙，如图 7-37 所示。

图 7-37　绘制挡墙

6. 复制挡墙

 操作：

执行 Copy（CO、CP）命令，通过端点捕捉将挡墙复制到台阶的另外一侧，如图 7-38 所示。

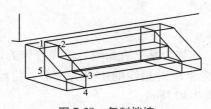

图 7-38　复制挡墙

7. 布尔运算

操作：

① 在命令行输入 Union（UNI）并按<Enter>键（启动布尔运算的并运算）。

② 在 Select objects：提示下，分别选择两个挡墙以及台阶，这样三个物体就合并为一体。

8. 移动台阶

操作：

① 在命令行输入 Move（M）并按<Enter>键。

② 在 Select objects：提示下，单击选择台阶后按<Enter>键。

③ 在 Specify base point or［Displacement］<Displacement>：提示下，捕捉台阶后侧中点后单击。

④ 在 Specify second point or<use first point as displacement>：提示下，捕捉台基侧面中点后单击，结果如图 7-39 所示。

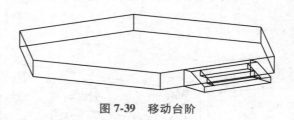

图 7-39　移动台阶

9. 转换 UCS 为 World 坐标系

操作：

① 在命令行输入 UCS 并按<Enter>键。

② 在 Specify origin of UCS or［Face/Named/Object/Previous/View/World/X/Y/Z/ZAxis］<World>：提示下直接按<Enter>键，回到世界坐标系。

10. 环形阵列台阶

操作：

① 执行 Line（L）命令，连接台基上表面的对角线（作为辅助线）。

② 执行 Array（AR）命令，以对角线的中点为中心，将绘制好的台阶进行环形阵列，完成其余 5 个台阶，结果如图 7-40 所示。

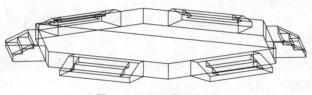

图 7-40　环形阵列台阶

7.3.4　绘制柱子

1. 改变观察点

操作:

① 在命令行输入-Vpoint,并按<Enter>键。

② 在Specify a view point or［Rotate］<display compass and tripod>：提示下,输入0、0、1并按<Enter>键。这样视图转换成为我们熟悉的平面视图,如图7-41所示。

2. 绘制辅助线

操作:

① 执行 Pline（PL）命令,通过端点捕捉围绕台基顶面角点绘一线框。

② 执行 Offset（O）命令,将 Pline 线框向里复制300,作为绘柱子时的参考位置。

③ 执行 Erase（E）命令,将第一个 Pline 线框删掉,结果如图7-42所示。

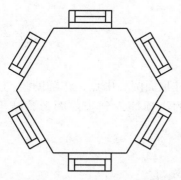

图 7-41　凉亭台基的平面视图

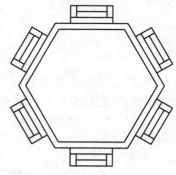

图 7-42　绘制辅助线

3. 绘制柱子

操作:

① 在命令行输入 Cylinder 并按<Enter>键（启动绘制圆柱命令）。

② 在Specify center point of base or［3P/2P/Ttr/Elliptical］：提示下,捕捉 Pline 线框的

角点后单击（选择圆柱底面中心点）。

③ 在 Specify base radius or［Diameter］：提示下，输入 150 并按<Enter>键（圆柱底面半径）。

④ 在 Specify height or［2Point／Axis endpoint］：提示下，输入 3600 并按<Enter>键（圆柱高度），结果如图 7-43 所示。

⑤ 执行 Copy（CO、CP）命令，将圆柱复制到其他角点上。

⑥ 执行 Union（UNI）命令，将六根圆柱与台基合在一起。

⑦ 执行-Vpoint 命令，利用罗盘观察立体图。结果如图 7-44 所示。

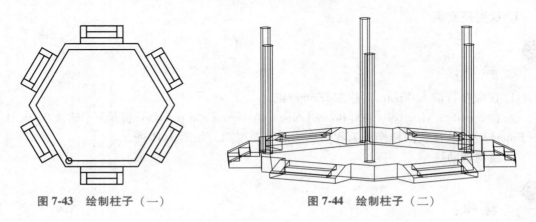

图 7-43　绘制柱子（一）　　　　　　图 7-44　绘制柱子（二）

7.3.5　完成细部

在前面我们已经绘好了一个亭顶，现在我们将它插入到当前图形中。

1. 插入亭顶

 操作：

① 执行 Line（L）命令，连接柱子顶端对角圆柱顶面圆心中点，作辅助线。

② 以辅助线的中点为插入点，将前面所绘制的亭顶插入到当前图形，结果如图 7-45 所示。

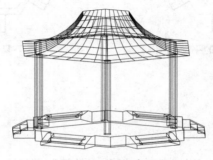

图 7-45　插入亭顶

2. 亭顶上部绘制一圆球

操作：

① 在命令行输入 Sphere 并按<Enter>键（启动圆球命令）。

② 在 Specify center point or ［3P/2P/Ttr］：提示下，捕捉亭顶部中点后单击。

③ 在 Specify radius or ［Diameter］：提示下，输入 550 并按<Enter>键。消隐后的结果如图 7-46 所示。

④ 执行 Vscurrent 命令 Conceptual 选项，对凉亭进行着色处理，结果如图 7-47 所示。

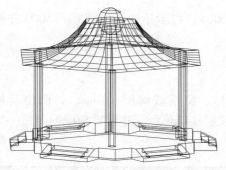

图 7-46　在凉亭顶上部绘制一个圆球

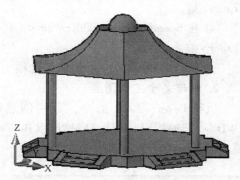

图 7-47　着色处理后的凉亭

7.4　某四层宿舍楼建模

视频：四层宿舍
楼建模

本节我们以前面宿舍楼为例，通过调用系统内设 UCS 及三维观察点，进一步学习 AutoCAD 的基本建模方法在建筑模型中的应用。我们的目标是根据附录中附图 A-1、附图 A-2 和图 7-48 提供的尺寸，绘出宿舍楼的模型图，并在此基础上将模型的平屋顶修改为坡屋顶。

图 7-48　某四层宿舍楼立面图草图

7.4.1　建模前的准备

1. 创建工作空间

操作：

① 进入 AutoCAD，建立新文件并取名保存。

② 在命令行输入 Limits 并按<Enter>键。

③ 在 Specify lower left corner or ［ON/OFF］<0.0000，0.0000>：提示下，直接按<Enter>键。

④ 在 Specify upper right corner<420.0000，297.0000>：提示下输入 30000，15000 并按<Enter>键。

⑤ 执行 Zoom（Z）命令的 A 选项。

2. 创建各个工作图层

执行 Layer（LA）命令，分别创建墙体层（Wall）、窗格玻璃层（Glass）、门窗套层（WD）、屋面层（Roof）、屋檐层（Roof-edge）、辅助线层（Line）等并设置相应的颜色，如图 7-49 所示。

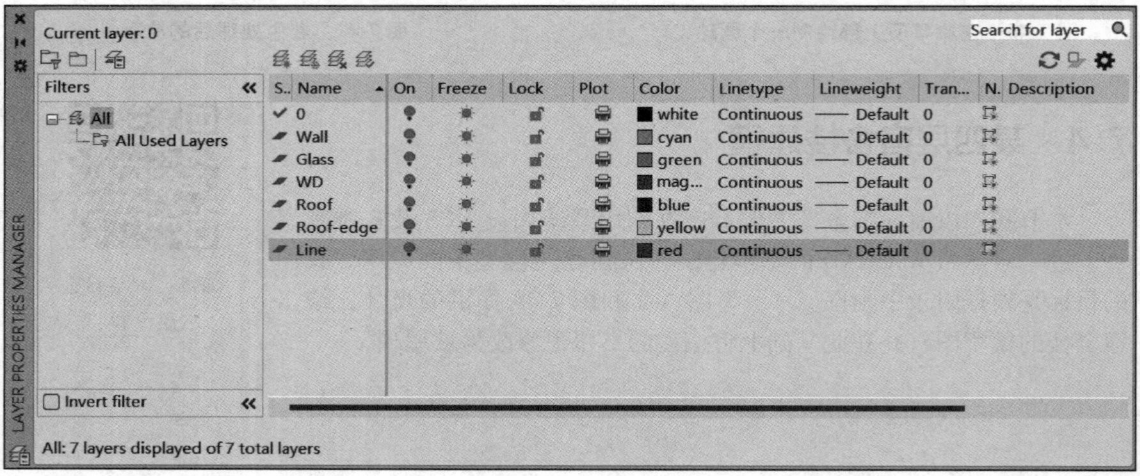

S..	Name	On	Freeze	Lock	Plot	Color	Linetype	Lineweight	Tran..	N.	Description
✓	0					white	Continuous	—— Default	0		
	Wall					cyan	Continuous	—— Default	0		
	Glass					green	Continuous	—— Default	0		
	WD					mag...	Continuous	—— Default	0		
	Roof					blue	Continuous	—— Default	0		
	Roof-edge					yellow	Continuous	—— Default	0		
	Line					red	Continuous	—— Default	0		

Current layer: 0　　　　Search for layer

Filters
☐ All
　└ All Used Layers

LAYER PROPERTIES MANAGER

☐ Invert filter

All: 7 layers displayed of 7 total layers

图 7-49　创建各个工作图层

3. 绘制建模的辅助线

操作：

① 执行 Layer（LA）命令，将 Line 层设为当前层。

② 执行 Line（L）、Offset（O）等命令，参看附图 A-1 绘出轴线网。

③ 执行 Offset（O）、Trim（TR）等命令，增加控制门窗平面位置的辅助线，如图 7-50 所示。

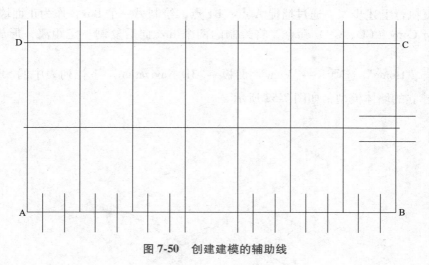

图 7-50 创建建模的辅助线

7.4.2 墙体建模

我们将采用 Box 建立墙体模型。

 操作：

① 执行 Offset（O）命令，将图 7-50 上的四条线 AB、BC、AD 及 DC，分别向里复制 240，作为墙体的参考位置线，如图 7-51 所示。

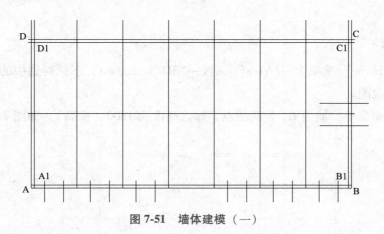

图 7-51 墙体建模（一）

② 执行 Layer（LA）命令，将墙体层设为当前层。
③ 在命令行输入 Box 并按<Enter>键。
④ 在 Specify first corner or ［Center］：提示下，捕捉 A 点后单击。
⑤ 在 Specify other corner or ［Cube/Length］：提示下，捕捉 D1 后单击。

⑥ 在 Specify height or ［2Point］：提示下，输入 12400（墙体总高度）并按<Enter>键，形成左山墙。

⑦ 重复执行上述步骤，通过捕捉 A 点、B1 点，绘制另一个 Box，作为正面墙体。

⑧ 执行 Copy（CO、CP）命令，将绘制的两个 Box 向后复制一定距离，形成背面墙体以及右山墙。

⑨ 单击"Home"选项卡→"View"面板→"3D Navigation"下拉列表中的 SE 视图按钮，观察建立的墙体模型，如图 7-52 所示。

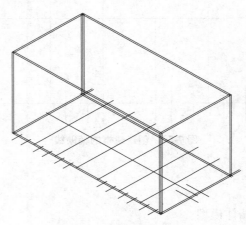

图 7-52　墙体建模（二）

7.4.3　门窗开洞

我们将采用布尔运算的 Subtract（减运算）来为门窗开洞。

 操作：

① 单击"Home"选项卡→"View"面板→"3D Navigation"下拉列表中的 Top 视图按钮，返回平面视图。

② 执行 Box 命令，捕捉 E、F 两端点，输入高度为 1800（窗高），如图 7-53 所示。

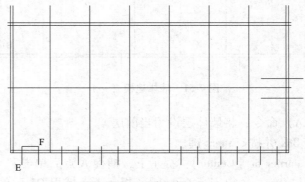

图 7-53　门窗开洞（一）

③ 单击"Home"选项卡→"View"面板→"3D Navigation"下拉列表中的 SE 视图按钮
，观察建立的墙体模型，如图 7-54 所示。

④ 将"Home"选项卡"Coordinates"面板中的 UCS 坐标切换到 Front 按钮选项，如图 7-55所示。

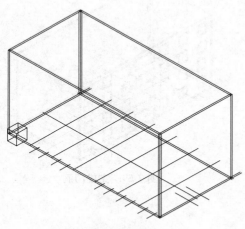

图 7-54　门窗开洞（二）

图 7-55　选择"Front"选项

⑤ 执行 Move（M）命令，将 Box 沿 Y 轴向上垂直移动 900，如图 7-56 所示。

⑥ 执行 Array（AR）命令，将 Box 向上、向右阵列四行七列，行间距为 3000（层高），列间距为 3600（开间），结果如图 7-57 所示。

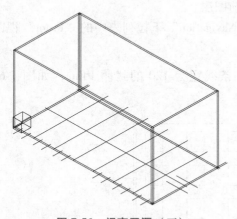

图 7-56　门窗开洞（三）

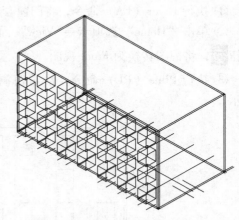

图 7-57　门窗开洞（四）

⑦ 执行 Erase（E）命令，将门厅部位的 Box 删除。

⑧ 在命令行输入 Subtract（减运算）并按<Enter>键。

⑨ 在 Select objects：提示下，单击选择正面墙体作为被减体后按<Enter>键。

⑩ 在 Select objects：提示下，依次选择阵列后的 Box 作为减体之后按<Enter>键，结束命令，结果如图 7-58 所示。

⑪ 执行同样的方法，首先绘制门厅部位的 Box，然后进行布尔运算的 Subtract（减运

算），完成门洞（高为 2400）及门厅上各楼层窗洞（高为 1800）。用同样的方法完成右山墙门洞，结果如图 7-59 所示。

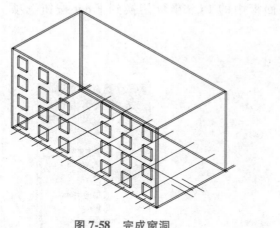

图 7-58 完成窗洞

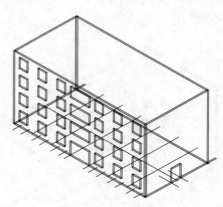

图 7-59 完成门洞

7.4.4 绘制窗套线

我们将采用 Pline 建模的方式完成门套以及窗套。

 操作：

① 执行 Layer（LA）命令，将门窗套层设为当前图层。

② 单击 "Home" 选项卡→"View" 面板→"3D Navigation" 下拉列表中的 "Front" 视图按钮，将视图转换为 Front 视图。

③ 执行 Pline（PL）命令，沿着窗洞口绘制一条线宽为 120 的封闭 Pline，如图 7-60 所示。

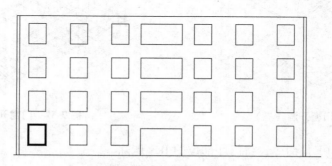

图 7-60 绘制窗套线（一）

④ 在命令行输入 Change（改变）命令并按<Enter>键。

⑤ 在 Select objects：提示下，单击选择封闭的 Pline 并按<Enter>键。

⑥ 在 Specify change point or［Properties］：提示下，输入 P 并按<Enter>键。

⑦ 在 Enter property to change ［Color/Elev/Layer/Ltype/ltscale/Lweight/Thickness/Transparency/Material/Annotative］：提示下，输入 T（厚度）并按<Enter>键。

⑧ 在 Specify new thickness<0.0000>：提示下，输入 200（窗套深度）并按<Enter>键两次结束命令。

⑨ 单击"Home"选项卡→"View"面板→"3D Navigation"下拉列表中的"Top"视图按钮，将视图转换为 Top 视图，观察窗套的平面位置，若平面位置不合适，在此视图中执行 Move（M）命令来调整窗套位置。

⑩ 单击"Home"选项卡→"View"面板→"3D Navigation"下拉列表中的"SE"视图按钮，观察建立的墙体模型，如图 7-61 所示。

⑪ 执行 Array（AR）命令将窗套向上、向右阵列四行七列，行间距为 3000（层高），列间距为 3600（开间）。

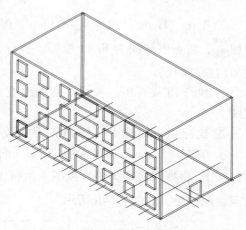

图 7-61　绘制窗套线（二）

> **提 示**
>
> 此时必须保证 UCS 坐标为 Front 方式。

⑫ 执行 Erase（E）命令将门厅位置的窗套删除，结果如图 7-62 所示。执行同样的方法完成门厅上各楼层窗套，结果如图 7-63 所示。

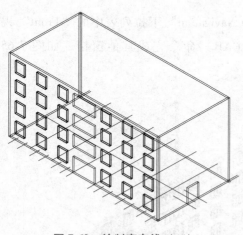

图 7-62　绘制窗套线（三）

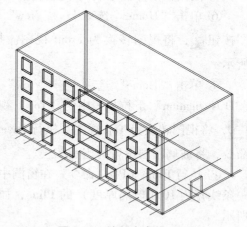

图 7-63　绘制窗套线（四）

7.4.5　绘制窗格及玻璃

窗格及玻璃也将利用 Pline 来绘制。

操作：

① 单击"Home"选项卡→"View"面板→"3D Navigation"下拉列表中的"Front"视图按钮▢，将视图转换为 Front 视图。执行 Layer（LA）命令，将窗格图层设置为当前图层，关闭门窗套图层。

② 执行 Pline（PL）命令，设置线宽为 100，通过作辅助线来绘制如图 7-64a 所示的多义线。

③ 执行 Change 命令，将 Pline 的厚度改为 60。

④ 单击"Home"选项卡→"View"面板→"3D Navigation"下拉列表中的"Top"视图按钮▢，将视图转换为 Top 视图。执行 Move（M）命令，将窗格（即刚绘制的 Pline）移动至窗洞中央，如图 7-64b 所示。

图 7-64　绘制窗格线（一）

⑤ 用同样的方法绘制门厅上部窗户的窗格。

⑥ 单击"Home"选项卡→"View"面板→"3D Navigation"下拉列表中的"Front"视图按钮▢，将视图转换为 Front 视图。执行 Array（AR）命令完成其他窗格，如图 7-65 所示。

⑦ 单击"Home"选项卡→"View"面板→"3D Navigation"下拉列表中的"Top"视图按钮▢，将视图转换为 Top 视图。执行 Layer（LA）命令，将玻璃图层设置为当前图层。

⑧ 执行 Pline（PL）命令，在窗洞中间绘制一条线宽为 10（玻璃厚度）的 Pline，如图 7-66 所示。

⑨ 执行 Change 命令，将 Pline 的厚度改为 1800（玻璃高度）。

⑩ 单击"Home"选项卡→"View"面板→"3D Navigation"下拉列表中的"SE"视图按钮◈，观察立体模型，执行 Array（AR）命令，

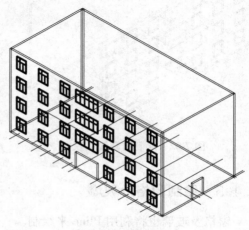

图 7-65　绘制窗格线（二）

将玻璃向上向右阵列，完成其他玻璃模型。

⑪ 然后执行 Erase（E）命令将门厅位置的多余部分删除掉，用同样的方法绘制门厅上部窗户的玻璃线模型，如图 7-67 所示。

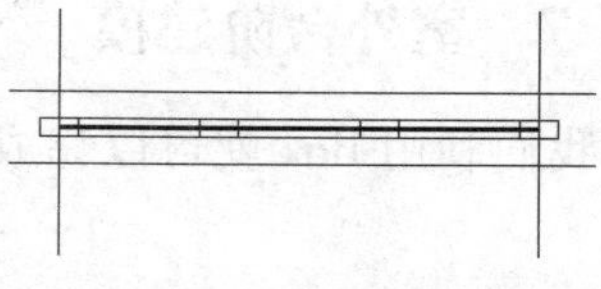

图 7-66 绘制玻璃线（一）

7.4.6 绘制门套线

门套的绘制也将利用 Pline 来绘制。绘制门套的方法同绘制窗套、窗格、窗玻璃的方法一样。结果如图 7-68 所示。

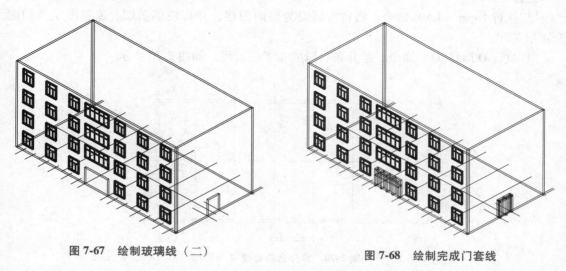

图 7-67 绘制玻璃线（二）

图 7-68 绘制完成门套线

打开门窗套图层后执行视觉样式（Vscurrent）命令概念（conceptual）选项，观察结果如图 7-69 所示。

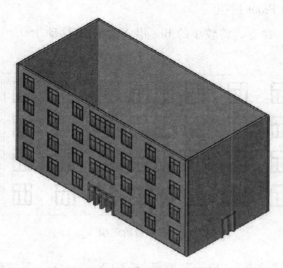

图 7-69 绘制完成门套后效果

7.4.7 室外台阶建模

我们利用 Box 就可以完成室外台阶建模。

 操作：

① 单击"Home"选项卡→"View"面板→"3D Navigation"下拉列表中的"Top"视图按钮![icon]，将视图转换为"Top"视图。

② 执行 Layer（LA）命令，将台阶层设为当前图层，并将玻璃图层、窗格图层及门窗套图层关闭。

③ 执行 Offset（O）命令，绘几条台阶的参考位置线，如图 7-70 所示。

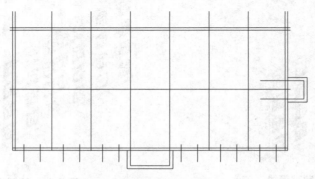

图 7-70　室外台阶建模（一）

④ 执行绘制 Box 命令，绘两个高度均为 150 的立方体。

⑤ 单击"Home"选项卡→"View"面板→"3D Navigation"下拉列表中的"Front"视图按钮![icon]，将视图转换为 Front 视图。

⑥ 执行 Move（M）命令，将较小的 Box 沿 Y 轴向上移动 150，然后打开其他图层，结果如图 7-71 所示。

图 7-71　室外台阶建模（二）

⑦ 单击"Home"选项卡→"View"面板→"3D Navigation"下拉列表中的"SE"视图按钮![icon]，观察立体模型，观察效果如图 7-72 所示。

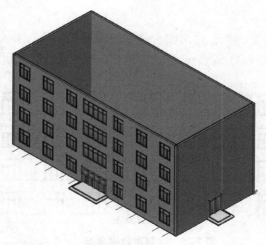

图 7-72 室外台阶建模（三）

7.4.8 绘制壁柱及窗楣、窗台

通过作辅助线，利用 Box 即可完成壁柱及窗楣、窗台的绘制。

1. 绘制壁柱

 操作：

① 单击"Home"选项卡→"View"面板→"3D Navigation"下拉列表中的"Top"视图按钮 ，将视图转换为 Top 视图。

② 执行 Layer（LA）命令，将壁柱层设为当前层，将辅助线层打开，关闭其他图层。

③ 执行 Copy（CO、CP）命令，做壁柱的参考位置如图 7-73 所示。

④ 单击"Home"选项卡→"View"面板→"3D Navigation"下拉列表中的"Front"视图按钮 ，将视图转换为 Front 视图。

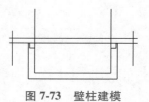

图 7-73 壁柱建模

⑤ 执行 Box 命令，绘两个高度均为 12400mm 的立方体，打开其他图层，结果如图 7-74 所示。

图 7-74 绘制壁柱

2. 绘制窗台和窗楣

和前面绘制壁柱的方法类似，作出窗台位置的辅助线，执行 Box 绘制立方体命令，绘制出窗台，执行 Copy（CO、CP）命令，绘制出窗楣，结果如图 7-75 所示。

图 7-75　绘制窗台和窗楣（一）

单击"Home"选项卡→"View"面板→"3D Navigation"下拉列表中的"SE"视图按钮，将视图转换为立体模型，执行 Vscurrent 命令 Conceptual 选项，显示结果如图 7-76 所示。

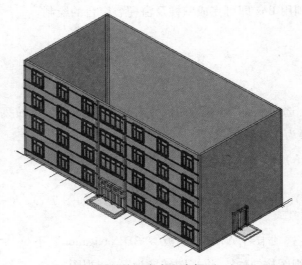

图 7-76　绘制窗台和窗楣（二）

7.4.9　四坡屋面建模

以上我们为宿舍楼建立了墙体、门窗及台阶模型，下面我们将为这幢建筑物搭一个四坡屋顶。

1. 创建屋面模型的辅助线

 操作：

① 执行 UCS 命令，选择默认的 W 选项（世界坐标系）。

② 关闭除 0 层、辅助线层和屋顶层之外的所有层，并设辅助线层为当前层。

③ 考虑屋檐挑出为 1.2m，在外墙轴线外侧 1200 处建一根封闭的屋檐辅助线，如图 7-77 所示。

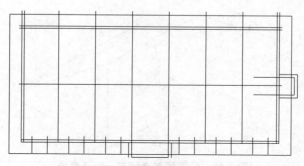

图 7-77　绘封闭的屋檐辅助线

④ 沿四个端点以 45°方向绘斜脊的水平投影线，如图 7-78 所示。

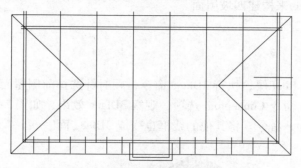

图 7-78　绘斜脊的水平投影线

⑤ 将"Home"选项卡"Coordinates"面板中的 UCS 坐标切换到"Front"按钮选项，将 UCS 设为 Front 方式。

⑥ 执行 Line（L）命令，从 A 点出发，绘一条铅垂的辅助线。

⑦ 执行 Line（L）命令，在屋檐辅助线的短边一侧，从中点以 30°方向绘线，与垂直方向的辅助线相交（此交点即为屋面正脊与斜脊的相交点），如图 7-79 所示。

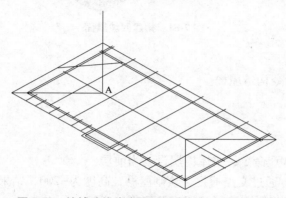

图 7-79　绘辅助线找出屋面正脊与斜脊的相交点

⑧ 用同样的方法找出另一个交点，然后执行 Line（L）命令，绘出四根斜脊与一根正脊，并删掉多余线段，结果如图 7-80 所示。

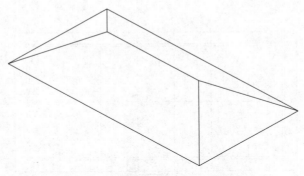

图 7-80　绘四根斜脊线与一根正脊线

2. 构建屋面

我们将执行 3Dface 来构建四坡屋面。

 操作：

① 将图层转换到 Roof 层，执行 3Dface 命令，顺时针选择前侧屋面的四个顶点。

② 执行 Vscurrent 命令 Conceptual 选项，观察 3Dface 效果，如图 7-81 所示。

③ 多次执行 3Dface 命令，将其他的线框也变成 3Dface 面。

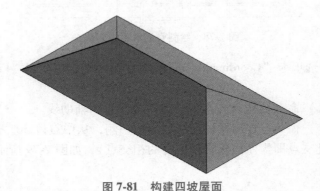

图 7-81　构建四坡屋面

3. 构建屋檐

我们将采用 Box 命令构造屋檐。

 操作：

① 执行 Layer（LA）命令，将屋檐层设为当前层。

② 执行 Box 命令，通过交点捕捉，绘制屋檐，高度为−200，结果如图 7-82 所示。

③ 执行 Group（成组）命令，将屋面及屋檐编成组。

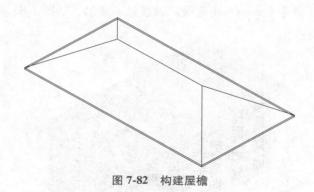

图 7-82　构建屋檐

④ 执行 Layer（LA）命令，打开所有图层，单击"Home"选项卡→"View"面板→"3D Navigation"下拉列表中的"Front"视图按钮◈，将视图转换为 Front 视图，观察结果 Front 视图，如图 7-83 所示。

图 7-83　观察到的前视图

⑤ 执行 Move（M）命令，通过端点捕捉，将屋面及屋檐移至墙体正上方，如图 7-84 所示。

图 7-84　将屋面及屋檐移至墙体正上方

⑥ 单击"Home"选项卡→"View"面板→"3D Navigation"下拉列表中的"SE"视图按钮◻，将视图转换为立体模型。

⑦ 执行 Vscurrent 命令 Conceptual 选项，观察显示效果，如图 7-85 所示。

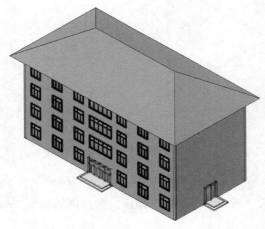

图 7-85 宿舍楼效果图

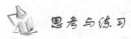 思考与练习

1. 绘制完成凉亭模型。
2. 绘制完成宿舍楼模型。
3. 思考在完成同类项目时，如何体现建筑模型满足人们生活需求和审美展现。

第8章

天正建筑软件绘图

本章以附录 A "某学生宿舍楼部分施工图"为例，详细讲解应用天正建筑软件绘制建筑平面图、立面图、剖面图的全过程。同时在个别部位采用 AutoCAD 命令配合作用。通过本章的学习，要熟悉和掌握天正用户界面，理解和掌握天正建筑软件绘图的过程和步骤，学会和灵活掌握在天正建筑软件中使用 AutoCAD 命令的场合和方法。

8.1 绘制建筑平面图

TArch（天正建筑）是由北京天正工程软件公司，在 AutoCAD 平台研制开发的一个专用建筑图绘制软件，也是目前国内建筑行业最流行的专用绘图软件之一，有着十分庞大的用户群和潜在的用户群。该软件针对建筑图的特点开发，用它绘制建筑施工图，尤其是建筑平面图，要比用 AutoCAD 等通用软件快几倍甚至几十倍。因而国内的建筑设计单位一般多用 TArch 绘制主要的建筑图样，然后用 AutoCAD 来修正成准确的建筑施工图。

许多同学存在疑问：既然 TArch 绘图那样方便、快捷，直接学习 TArch 就可以了，为什么还要花费许多精力来学习 AutoCAD 呢？事实上，虽然 TArch 绘图速度快，但绘出的图样有时并不是很完整、准确，尤其一些不太规整的建筑布局，这时就需要 AutoCAD 来修正。可以说 TArch 作图离不开 AutoCAD，它们之间相辅相成。TArch 是针对建筑图中的标准结构和相对不变的结构二次开发而成的，建筑图中的许多多变结构，必须用 AutoCAD 绘制，另外用 TArch 绘制生成的立面图、剖面图等有时也需要用 AutoCAD 来修正。即使 TArch 最擅长的平面施工图，也要与 AutoCAD 的一些命令配合使用，才能取得最佳作图效率，从而顺利完成所有作图。随着 TArch 软件的不断升级，功能不断强大，用 TArch 绘制建筑施工图会变得越来越轻松。目前仍然建议学生先将 AutoCAD 的学习基础打牢，然后学习 TArch 绘图。下面以附录 A 中的建筑施工图为例介绍 TArch 软件的使用。

双击桌面上天正快捷图标，打开天正建筑绘图软件，界面如图 8-1 所示。

8.1.1 绘制定位轴线

参看附录图 A-1，水平定位轴线的间距（即进深尺寸）分别为 5100、1800、5100，垂直定位轴线的间距（即开间尺寸）均为 3600。

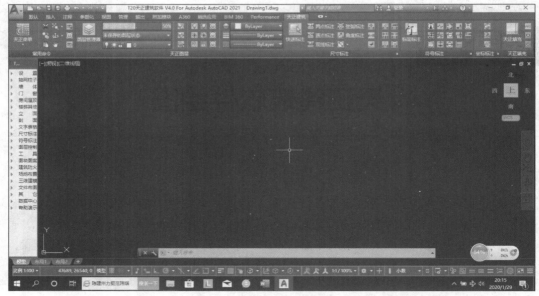

图 8-1　天正界面

操作：

① 单击屏幕左侧主菜单中的 ▶ 轴网柱子 ，弹出 ▾ 轴网柱子 菜单，如图 8-2 所示。

② 单击 ▾ 轴网柱子 菜单中的 ▦ 绘制轴网 ，弹出"绘制轴网"对话框。

③ 在"绘制轴网"对话框进行如下设置：在"个数"文本框中输入"7"（开间数目），在"轴间距"文本框中输入"3600"（开间尺寸），结果如图 8-3 所示。

主菜单　　　　　　轴网柱子菜单

图 8-2　天正建筑菜单

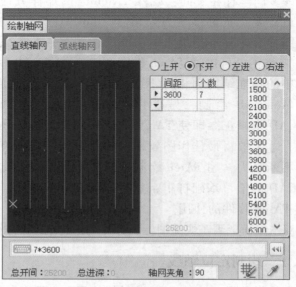

图 8-3　确定纵向定位轴线

④ 单击"左进"单选按钮，在对话框中进行如下设置，如图 8-4 所示。

⑤ 在绘图区单击，确定轴网位置，回车退出"绘制轴网"对话框，结果如图 8-5 所示。

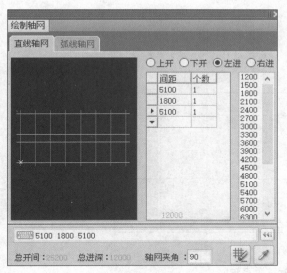

图 8-4　确定水平定位轴线

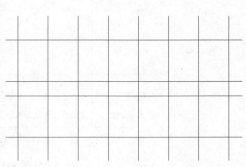

图 8-5　直线轴网

 说明：

① 单击菜单中的 ，轴网实线变为点画线。默认状态下，TArch 绘制的轴线是实线，⟦轴改线型⟧命令是一个切换开关，若再次单击该命令，则点画线又变为实线。

② 执行 CAD 的图层命令，将轴线所在的图层 DOTE 线型改为 CENTER 或 CENTER2，这样也可以将轴网改成点画线。

③ 为了绘图方便快捷，一般在打印出图前，再进行线型修改。

8.1.2　标注轴网

标注轴网是标出各定位轴线的编号（包括轴圈），以及定位轴线之间的尺寸。

1. 标注垂直轴网

操作：

① 单击 ▶轴网柱子 菜单中的 ⟦轴网标注⟧，弹出⟦轴网标注⟧对话框，选择"单侧标注"，如图 8-6 所示。

② 请选择起始轴线〈退出〉：（捕捉并单击第一条垂直轴线的下端点 A）。

③ 请选择终止轴线〈退出〉：（捕捉并单击最后一条垂直轴线的下端点 B）。

④ 请选择不需要标注的轴线：（两次回车结束命令）。

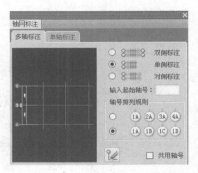

图 8-6　"轴网标注"对话框

结果如图 8-7 所示。

这样，垂直轴网标注完毕（本例中上下左右对称，所以只需单侧标注即可）。

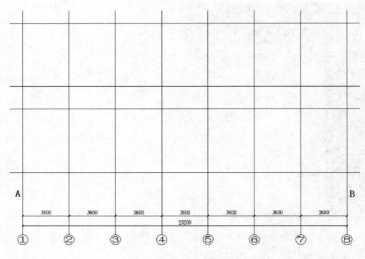

图 8-7　标注垂直轴网

2. 标注水平轴网

水平轴网也选择单侧标注。

 操作：

① 单击 轴网柱子 菜单中的 轴网标注，弹出 轴网标注 对话框，选择"单侧标注"，如图 8-6 所示。

② 请选择起始轴线〈退出〉：（捕捉并单击最下一条水平轴线的右端点 D）

③ 请选择终止轴线〈退出〉：（捕捉并单击最上一条水平轴线的右端点 C）

④ 请选择不需要标注的轴线：（两次回车结束命令）

结果如图 8-8 所示。

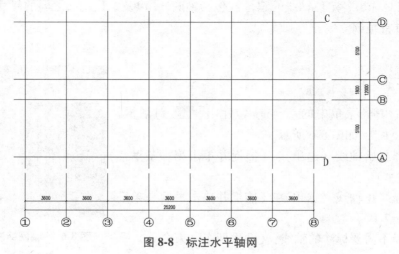

图 8-8　标注水平轴网

这样，垂直轴网标注完毕（本例中上下左右对称，所以只需单侧标注即可）。

8.1.3　绘制墙体

绘制墙体即为绘制双墙线。内墙厚全部为240，外墙内侧为120，外侧为250。

操作：

① 单击 ▼ 墙　体菜单中的 ⊟ 绘制墙体，弹出"墙体"对话框。

② 在对话框中设置外墙参数，如图8-9所示。

③ 通过捕捉轴线间的交点，按顺时针方向，绘出全部外墙。

④ 将"墙体"对话框中的"左宽"和"右宽"设置为120，进行内墙参数的设置。

⑤ 通过捕捉轴线间的交点，绘出全部内墙，结果如图8-10所示。

⑥ 执行 Copy 命令，将Ⓐ轴、Ⓓ轴分别向下、向上复制450。

图8-9　"墙体"对话框

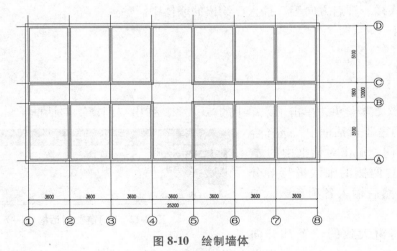

图8-10　绘制墙体

⑦ 执行 Extend 命令，选择复制线为延伸目标，将④、⑤轴墙线作为要延伸的对象，形成墙垛，结果如图8-11所示。

⑧ 执行 AutoCAD 的相关编辑命令，参照附录图 A-1 修改墙线。

说明：

在绘制内墙的过程中，可以执行 AutoCAD 中的命令，如：复制（Copy）、偏移复制（Offset）、剪切（Trim）、删除（Erase）、延伸（Extend）、阵列（Array）、拉伸（Stretch）等，对任何一段墙体进行编辑。

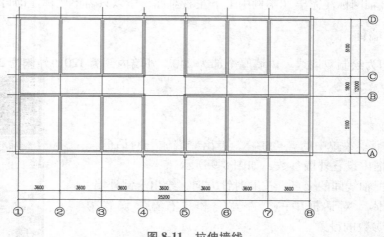

图 8-11 拉伸墙线

8.1.4 插入门窗

天正图库中有多种常用门窗类型。插入门窗即是从天正的图库中调用合适的门窗类型（包括材料、式样、开启方向等）插入已绘出的墙体中。

1. 插入门

 操作：

① 打开 ▼ 门 窗 菜单，单击子菜单中的 ⌐⌐ 窗，弹出"门窗"对话框。

② 在"门窗"对话框中，选择合适的单扇平开门，单击对话框中的 ▦（依次点取位置两侧的轴线进行等分插入）按钮，然后输入各项参数，如图 8-12 所示。

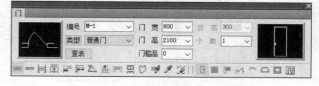

图 8-12 "门窗"对话框（一）

③ 点取门窗大致的位置和开向（Shift—左右开）〈退出〉：（将鼠标光标移到Ⓑ和Ⓒ轴的墙段中，待门的图例出现在墙的内侧后单击）

④ 指定参考轴线［S］/门窗或门窗组个数（1~4）〈1〉：（直接回车）

⑤ 点取门窗大致的位置和开向（Shift—左右开）〈退出〉：（在需要开门的轴线间单击鼠标）

⑥ 指定参考轴线［S］/门窗或门窗组个数（1~4）〈1〉：（直接回车）

⑦ 点取门窗大致的位置和开向（Shift—左右开）〈退出〉：（在需要开门的轴线间单击鼠标）

⑧ 重复执行上述操作，完成Ⓑ、Ⓒ轴墙段在②轴和⑧轴之间所有内开门。

结果如图 8-13 所示。

下面完成Ⓒ轴墙段在①轴和②轴之间的内开门（即厕所门）。

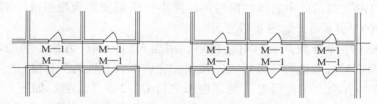

图 8-13　完成部分门的插入

 操作：

① 打开 ▼门　窗 菜单，单击子菜单中的 🔲门　窗，弹出"门窗"对话框。

② 在"门窗"对话框中，选择单扇平开门，单击对话框中的 🔳（垛宽定距插入）按钮，然后输入各项参数，如图 8-14 所示。

③ 点取门窗大致的位置和开向（Shift—左右开）〈退出〉：（将鼠标移到ⓒ轴墙在①和②轴之间墙段中，待门的图例出现在墙的内侧后单击）

④ 指定参考轴线［S］/门窗或门窗组个数（1~4）〈1〉：（直接回车，结果如图 8-15 所示）

图 8-14　"门窗"对话框（二）

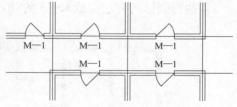

图 8-15　完成 M—1 的插入

⑤ 执行相同的方法，参考附录图 A-1，将 M—3 插入。

由于门厅部位的 M—2 在天正中没有我们所需要的，完成上述步骤后，可以执行 AutoCAD 相应命令完成操作，最终的结果如附录图 A-1 所示。

2. 插入窗

插入窗的方法与插入门的方法相同。

 操作：

① 单击"门窗"对话框中的 🔳（插窗）图标，输入窗的各项参数，如图 8-16 所示。

图 8-16　"门窗"对话框（三）

② 单击"门窗"对话框中右面的窗图例，弹出"天正图库管理系统"对话框。在对话框中选择有亮子的平开窗 3，如图 8-17 所示。

③ 关闭"天正图库管理系统"对话框后，用插入门的同样方法，单击对话框中的 ▣（依次点取位置两侧的轴线进行等分插入）按钮，完成Ⓐ、Ⓓ轴的所有窗。

④ 执行同样的方法，在"门窗"对话框中进行 C—2 参数设置，如图 8-18 所示。单击对话框中的 ▣（轴线定距插入）按钮，将①轴墙上走廊处的 C—2 插入。

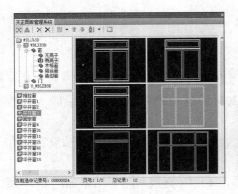

图 8-17 "天正图库管理系统"对话框

图 8-18 "门窗"对话框（四）

⑤ 执行同样的方法完成 C—3 的插入，结果如图 8-19 所示。

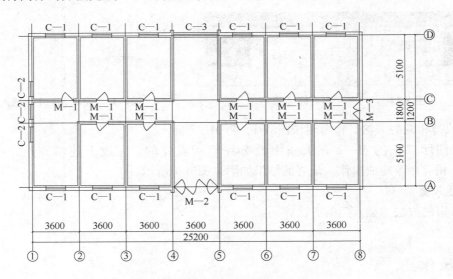

图 8-19 完成窗的插入

说明：

插入一个门和窗之后，可以用 AutoCAD 中的编辑命令，如阵列（Array）、复制（Copy）等命令来完成其他同类的门和窗。不同类型的门和窗，用以上同样的方法也可完成。

3. 门窗表

操作：

① 单击 ▼门　窗 菜单中的 门窗表。

② 请选择门窗或［设置（S）］〈退出〉：（窗选方式选择当前层所有门窗并回车）

③ 请点取门窗表位置（左上角点）〈退出〉：（移动光标，在绘图区域内适当位置单击，确定门窗表的位置）

绘图区域会出现门窗表，如图 8-20 所示。

门窗表

类型	设计编号	洞口尺寸(mm)	数量	图集名称	页次	选用型号	备注
普通门	M—1	900X2100	11				
	M—3	1200X2100	1				
普通窗	C—1	1500X1500	12				
	C—2	1200X1500	3				
	C—3	3360X1500	1				

图 8-20 "门窗表"内容

8.1.5 插入楼梯

楼梯的绘制和门窗的绘制基本一样，采用直接设置参数，然后插入的方法进行。

操作：

① 单击 楼梯其他 菜单中的 双跑楼梯，弹出 双跑楼梯 对话框。在对话框中进行各项参数的设置，如图 8-21 所示。

② 点取位置或［转 90 度（A）/左右翻（S）/上下翻（D）/对齐（F）/改转角（R）/改基点（T）]〈退出〉：（捕捉并单击点 A，确定楼梯位置）

这样，已设置好的楼梯被准确插入，如图 8-22 所示。

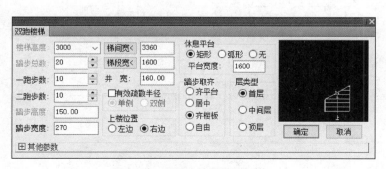

图 8-21 "双跑楼梯"对话框

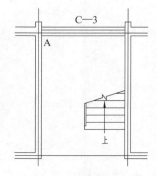

图 8-22 完成楼梯插入

8.1.6 绘制室外台阶和散水

1. 绘制台阶

 操作：

① 单击 楼梯其他 菜单中的 台 阶，弹出 台阶 对话框。在对话框中进行参数设置，如图 8-23 所示。

② 台阶平台轮廓线的起点〈退出〉：（捕捉并单击轴线的交点 A）

③ 直段下一点或［弧段（A）/回退（U）］〈结束〉：（输入"@0，-1200"并回车，绘出 B 点）

④ 直段下一点或［弧段（A）/回退（U）］〈结束〉：（输入"@3600，0"并回车，绘出 C 点）

⑤ 直段下一点或［弧段（A）/回退（U）］〈结束〉：（捕捉与轴线的交点 D）

⑥ 直段下一点或［弧段（A）/回退（U）］〈结束〉：（单击 A 点后回车）

⑦ 请选择邻接的墙（或门窗）和柱：（选择④轴和⑤轴上的墙垛后回车）

⑧ 请点取没有踏步的边：（选择线段 AD）

⑨ 请点取没有踏步的边：（直接回车结束命令）

结果如图 8-24 所示。

执行同样的方法完成Ⓑ、Ⓒ轴之间的台阶的绘制，结果如图 8-25 所示。

图 8-23 "台阶"对话框

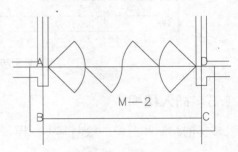

图 8-24 绘制门厅部位台阶

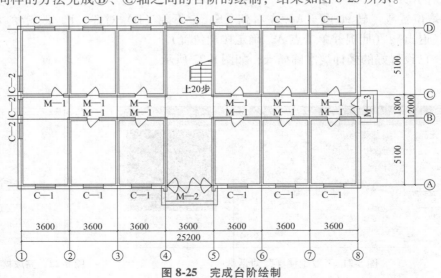

图 8-25 完成台阶绘制

2. 绘制散水

操作：

① 单击 楼梯其他 菜单中的 散　水，弹出 散水 对话框。在对话框中进行参数设置，如图 8-26 所示。

② 请选择构成一完整建筑物的所有墙体（或门窗）：（用窗选方式选择全部图形后直接回车）

结果如图 8-27 所示。

图 8-26　"散水" 对话框

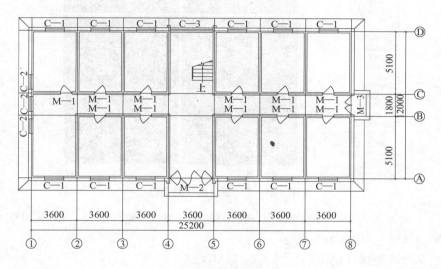

图 8-27　完成散水

> **提　示**
>
> 当建筑物较复杂时，该命令不能生成正确的散水，可用直线命令画散水。

8.1.7　卫生间布置

卫生间的布置包括洁具布置和隔断布置。单击 房间屋顶 菜单，弹出如图 8-28a 所示的菜单，再单击 房间布置 菜单，如图 8-28b 所示。在 "房间布置" 下拉菜单中，可以通过该菜单中的布置洁具、布置隔断命令来完成卫生间的布置。

1. 布置洁具

布置洁具命令，可以插入大便器、浴缸、盥洗槽和拖布池等洁具，对于不同的洁具，输入的参数有所不同。

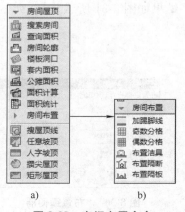

a)　　　　　　b)

图 8-28　房间布置命令

操作：

① 单击 布置洁具命令按钮，弹出 天正洁具 对话框，如图 8-29 所示。

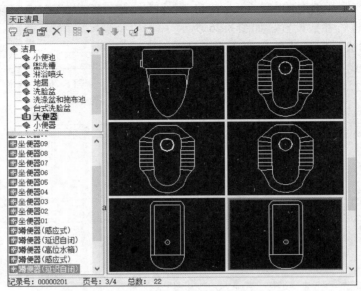

图 8-29 "天正洁具"对话框

② 选择"大便器"中"蹲便器"，双击第三行第二列的洁具，退出对话框，弹出 布置蹲便器（延迟自闭） 对话框，如图 8-30 所示。

③ 请选择沿墙边线〈退出〉：（单击墙线 AB）

④ 插入第一个洁具［插入基点（B）］〈退出〉：（在墙线 AB 的上半部分 A 点附近单击，确定第一个洁具位置）

⑤ 下一个〈退出〉：（继续向下单击，确定洁具位置）

⑥ 下一个〈退出〉：（重复上一动作，直至洁具数量达到要求为止）

⑦ 请选择沿墙边线〈退出〉：（直接回车，结束命令）

结果如图 8-31 所示。

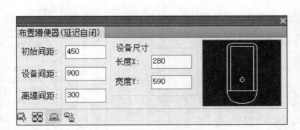

图 8-30 "布置蹲便器（延迟自闭）"对话框

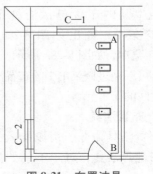

图 8-31 布置洁具

2. 布置隔断

布置隔断命令，用来绘制洁具之间的隔断。

操作：

① 单击 布置隔断 命令按钮。

② 起点：（在 C 点附近单击）

③ 终点：（在 D 点附近单击）

④ 隔板长度〈1200〉：（直接回车）

⑤ 隔断门宽〈600〉：（直接回车）

结果如图 8-32 所示。

8.1.8　标注尺寸和符号

在各类建筑图样中，平面图需要标注的尺寸最多。本节介绍的尺寸主要用于平面图中的标注。AutoCAD 绘图软件应用广泛，它的尺寸标注命令不是专门针对建筑图样设置的，所以调用以前要先设置尺寸样式，而且难以成组标注，而 TArch 的尺寸标注命令专门针对建筑绘图设计，所以使用起来方便快捷，效率很高。

TArch 标注尺寸和符号标注的命令在图标菜单中，如图 8-33 所示。

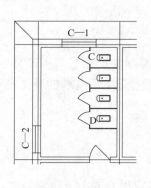

图 8-32　布置隔断

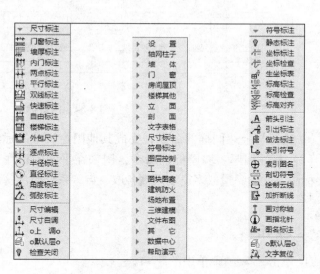

图 8-33　尺寸标注菜单

1. 标注尺寸

平面图上的尺寸包括外部尺寸和内部尺寸。内部尺寸包括内墙厚度、门洞尺寸以及卫生洁具等。外部尺寸分三道：最里边一道尺寸为细部尺寸，第二道为定位轴线间距，最外一道为建筑物外墙皮之间的距离。

（1）门窗标注

操作:

① 单击 ▼ 尺寸标注 菜单中的 ⊞ 门窗标注。

② 起点〈退出〉:（在 A 点附近单击）

③ 终点〈退出〉:（在 B 点附近单击，使 AB 穿过墙Ⓐ轴和第一、二道尺寸线）

④ 选择其他墙体:（用窗选的方式选择Ⓐ轴上的墙体，之后直接回车结束命令）

⑤ 修改最外边的尺寸，结果如图 8-34 所示。

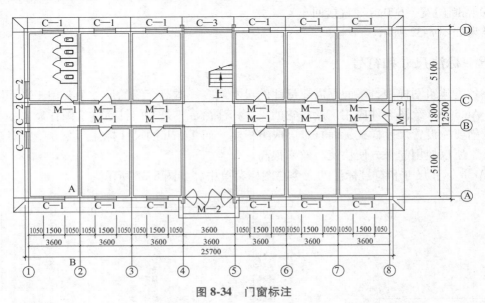

图 8-34　门窗标注

⑥ 执行与上述同样的命令，完成其他门窗尺寸的标注。

（2）**标注墙厚**　墙厚标注命令，用来在平面中标注一组墙的厚度尺寸。调用该命令后，在要标注厚度的一道或多道墙两侧各取一点，系统标注这两点连线穿过的所有墙的厚度尺寸。

操作:

① 单击 ▼ 尺寸标注 菜单中的 ▤ 墙厚标注。

② 直线第一点〈退出〉:（在 A 点附近单击，该点的位置决定尺寸的上下位置）

③ 直线第二点〈退出〉:（在 B 点附近单击，这样 AB 段内的所有内墙全部标出）

结果如图 8-35 所示。

（3）**两点标注**　两点标注命令，通过指定两点，标注被两点连接线穿过的轴线、墙线、门窗等构件的尺寸，尺寸线与这两点的连接线平行，该命令的调用与墙厚命令相同。

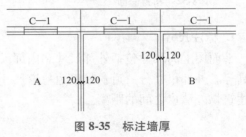

图 8-35　标注墙厚

操作：

① 单击 ^{尺寸标注} 菜单中的 ^{两点标注}。

② 选择起点 [当前：墙面标注/墙中标注（C）]〈退出〉：（打开〈F8〉，在 A 点附近单击）

③ 选择终点〈退出〉：（在 B 点附近单击，保证 AB 穿过墙体）

④ 选择标注位置点：（在 B 点上方单击）

⑤ 选择终点或增删轴线、墙、门窗、柱子：（直接回车结束命令）

这样，被 AB 连线所穿过的轴线、墙体、门窗等的尺寸全部标出，结果如图 8-36 所示。

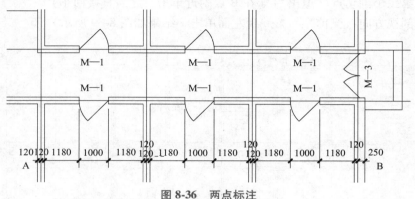

图 8-36　两点标注

2. 符号标注

用 TArch 的符号标注命令，可以非常方便地绘制剖切符号、指北针、箭头、详图符号、引出标注符号等建筑图符号。

（1）标注标高

操作：

① 单击 ^{符号标注} 菜单中的 ^{标高标注}，弹出 ^{标高标注} 对话框，在对话框中进行如下设置，如图 8-37 所示。

② 请点取标高点或 [参考标高（R）]〈退出〉：（在所要标注的合适位置单击）

③ 请点取标高方向〈退出〉：（向上单击确定标高方向，确定室外标高数字的位置）

④ 下一点或 [第一点（F）]〈退出〉：（直接回车结束命令）

结果如图 8-38 所示。

图 8-37　"标高标注"对话框

图 8-38　标高标注

（2）标注剖切符号　一套建筑施工图中，必须在首层平面图中标注剖切符号，表明剖面图的来源。

操作：

① 单击 ▾符号标注 菜单中的 ⊟ 剖面剖切 。

② 请输入剖切编号〈1〉：（直接回车）

③ 点取第一个剖切点〈退出〉：（在 A 点附近单击）

④ 点取第二个剖切点〈退出〉：（在 B 点附近单击，之后直接回车）

⑤ 点取剖视方向〈当前〉：（在 AB 左面单击，结果如图 8-39 所示）

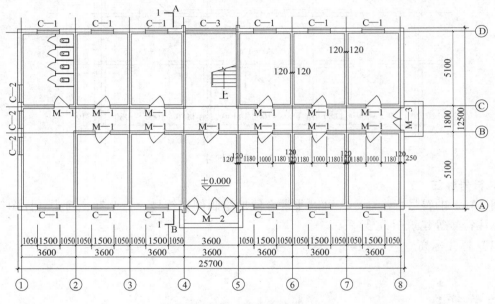

图 8-39　绘制剖切符号

（3）标注图名

操作：

① 单击 ▾符号标注 菜单中的 ㎡ 图名标注 ，弹出 图名标注 对话框，在对话框中进行如下设置，如图 8-40 所示。

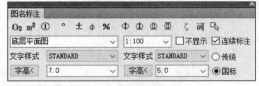

图 8-40　"图名标注"对话框

② 请点取插入位置〈退出〉：（在屏幕上合适位置单击，确定图名标注的位置）

8.2　绘制建筑立面图

很多没有系统学过 TArch 的人，只用 TArch 画平面图，或在平面图中插入几个 TArch 图块。实际上画完平面图后，用 TArch 生成立面图、剖面图图样，最后用 AutoCAD 命令对图形作局部修改，比从零开始用 AutoCAD 绘制要快捷的多。本节介绍如何用 TArch 绘制建筑立面图。

可以通过 TArch 菜单中的立面菜单来完成建筑立面图的绘制。

8.2.1　创建工程管理楼层表

用 TArch 绘制平面图，就是在建立建筑物的三维模型。平面中存有建筑物的所有竖向参数，这是由平面图生成立面图的基础。建筑立面命令，用来生成整座建筑的立面图。调用该命令前，首先设置每层立面图对应的平面图，即建立一个楼层表。

1. 新建工程文件

操作：

① 单击 ▾ 文件布图 ｜菜单中的 ▦ 工程管理，弹出 工程管理 工具栏，在工具栏标题"工程管理"处单击，弹出快捷菜单，结果如图 8-41 所示。

② 单击快捷菜单中的 新建工程...，弹出 A 另存为 对话框，如图 8-42 所示。在对话框中设置工程文件的保存位置、文件名等并进行保存。

图 8-41　"工程管理"工具栏

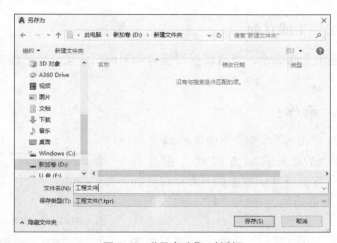

图 8-42　"另存为"对话框

2. 制作楼层表

图 8-43　展开"楼层"下拉菜单

操作：

① 返回 工程管理 工具栏，展开"楼层"下拉菜单，如图 8-43 所示。

② 单击文件所在列的空白处，弹出 A 选择标准层图形文件 对话框，如图 8-44 所示。

③ 在对话框中将已经绘制完成的"底层平面图""标

准层平面图" "顶层平面图" 分别导入到 工程管理 对话框中，结果如图 8-45 所示。

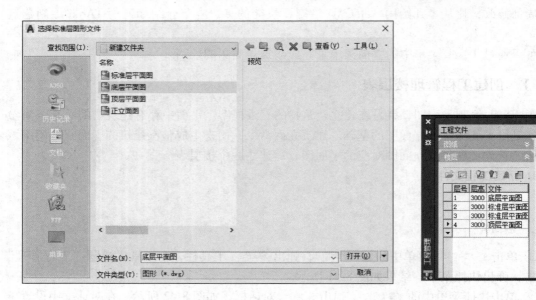

图 8-44　"选择标准层图形文件" 对话框　　　　　　　图 8-45　楼层表

8.2.2　生成立面

建筑立面命令，可以根据楼层表和平面图，生成整座建筑的立面。

 操作：

① 单击 ▼ 立　面 菜单中 建筑立面。

② 请输入立面方向或 ［正立面（F）/背立面（B）/左立面（L）/右立面（R）］〈退出〉：（输入 "F"，生成正立面）

③ 请选择要出现在立面图上的轴线：（直接回车，立面不标注轴号）

④ 弹出 立面生成设置 对话框，在对话框中进行相应的设置，如图 8-46 所示。

⑤ 单击 生成立面 按钮，弹出 A 输入要生成的文件 对话框，在对话框中的文件名文本框中输入 "正立面图" 后进行保存，如图 8-47 所示。

⑥ 单击 "保存" 按钮，自动生成一个名为 "正立面图" 的文件，结果如图 8-48 所示。

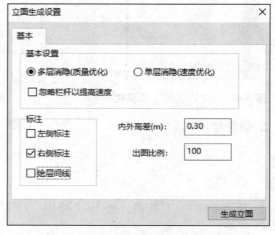

图 8-46　"立面生成设置" 对话框

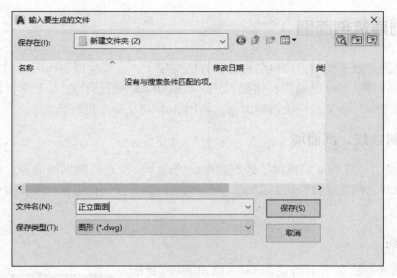

图 8-47　"输入要生成的文件"对话框

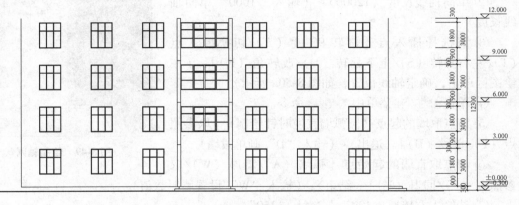

图 8-48　TArch 自动生成的立面

8.2.3　修正立面图

虽然用 TArch 命令生成立面图具有很高的效率，但与我们的要求还有一定距离，需要用 AutoCAD 命令进行修改。例如一些特殊的门窗、阳台、装饰结构等，都需要用 AutoCAD 命令绘制。修正立面图主要包括两方面的内容。

1. 图形修正

可以参照第 4 章中的内容，执行相应的 AutoCAD 命令完成正立面图的绘制。其中主要包括壁柱线的修改，加粗线型，绘制窗台、窗楣及挑檐，完成门厅部位的门等操作。

2. 标高标注的完成

删除立面图上的尺寸标注，执行 AutoCAD 相应命令完成标高的标注。结果如附录图 A-3 所示。

8.3 绘制建筑剖面图

和绘制建筑立面图相似，可以利用建立好的楼层表，直接生成剖面图。但是生成的剖面图可能与我们的要求有一定差距，需要再用 AutoCAD 命令进行修改，工作量比较大。另外一种方法是用 TArch 命令直接绘制剖面图，再用 AutoCAD 命令进行修改。

8.3.1 绘制轴线、剖面墙

在剖面菜单中，TArch 只提供了画剖面墙线的命令，没有画轴网的命令。可用平面图的轴网命令画轴网，剖面墙命令画剖面墙。先画轴网再画墙体，比直接画墙体要快很多。

 操作：

① 单击 ▼ 轴网柱子 菜单中的 ▦ 绘制轴网 ，弹出 绘制轴网 对话框。在对话框中进行如下设置，如图 8-49 所示。

② 单向轴线长度〈12000〉：（输入 "1000" 单向轴线长度）

③ 请选择插入点［旋转 90 度（A）/切换插入点（T）/左右翻转（S）/上下翻转（D）/改转角（R）］：（在绘图区单击，确定轴线位置，如图 8-50a 所示）

④ 单击 ▼ 剖 面 菜单中 ▯ 画剖面墙 命令。

⑤ 请点取墙的起点（圆弧墙宜逆时针绘制）［取参照点（F）单段（D）］〈退出〉：（输入 "D" 画单段墙）

⑥ 请点取直墙的起始点［弧墙（A）/墙厚（W）/取参照点（F）/回退（U）］〈结束〉：（输入 "W" 设置墙厚数值）

⑦ 请输入左墙厚〈120〉：（输入 "250"）

⑧ 请输入右墙厚〈120〉：（输入 "120"）

⑨ 请点取直墙的起始点［弧墙（A）/墙厚（W）/取参照点（F）/回退（U）］〈结束〉：（单击 A 点）

⑩ 请点取直墙的起始点［弧墙（A）/墙厚（W）/取参照点（F）/回退（U）］〈结束〉：（单击 B 点，回车结束命令，绘制出剖面墙 AB）

执行相同的方法，绘制最右端轴上剖面墙。重新设置墙厚后，绘制中间两轴上剖面墙，结果如图 8-50b 所示。

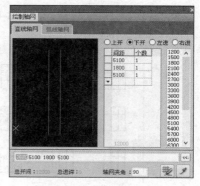

图 8-49 绘制轴网

> 🔵 **提 示**
>
> 1. 如果用 ▸ 墙 体 菜单中的 ☱ 绘制墙体 命令绘制墙体，不能用 ▯ 剖面门窗 命令在墙体中插入门窗，也不能用 ▯ 剖面填充 命令在墙体中进行图案填充。
>
> 2. 绘制剖面外墙时，需要注意绘制的方向。

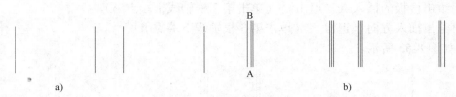

图 8-50 画轴线、剖面墙线

8.3.2 绘制楼板

 操作：

① 单击 ▾ 剖　面 菜单中 ▬ 双线楼板。

② 请输入楼板的起始点〈退出〉:（单击 A 点）

③ 结束点〈退出〉:（单击 B 点）

④ 楼板顶面标高〈7493〉:（直接回车）

⑤ 楼板的厚度（向上加厚输负值）〈200〉:（输入"-120"回车）

⑥ 重复上述步骤，绘制出双线楼板 CD，结果如图 8-51 所示。

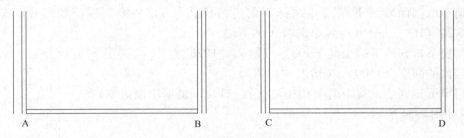

A　　　　　　　　　　B　　　C　　　　　　　　　　D

图 8-51 绘制双线楼板

⑦ 单击 ▾ 剖　面 菜单中 ▬ 预制楼板，弹出对话框。在对话框中进行设置，如图 8-52 所示。

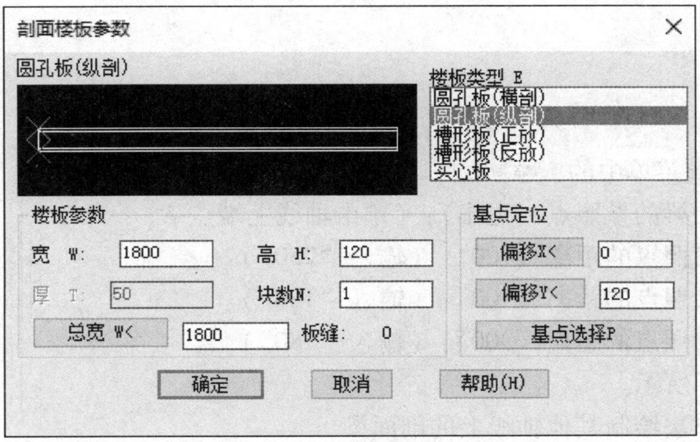

剖面楼板参数	✕

圆孔板(纵剖)

楼板类型 E
圆孔板(横剖)
圆孔板(纵剖)
槽形板(正放)
槽形板(反放)
实心板

楼板参数

宽 W: 1800　　高 H: 120

厚 T: 50　　块数N: 1

总宽 W< 1800　板缝: 0

基点定位

偏移X< 0

偏移Y< 120

基点选择P

确定　　取消　　帮助(H)

图 8-52 "剖面楼板参数"对话框

⑧ 请给出楼板的插入点〈退出〉：（单击第 2 根轴线下端点 A）

⑨ 再给出插入方向〈退出〉：（单击第 3 根轴线下端点 B）

结果如图 8-53 所示。

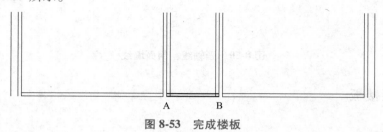

图 8-53　完成楼板

8.3.3　绘制剖面门窗

在剖面图中，剖切到的门和窗，一般都用 4 条平行的直线表示。剖面门窗命令可以用来在剖面墙体中插入门窗。

操作：

① 单击 ▼剖　面菜单中的 剖面门窗命令。

② 请点取剖面墙线下端或［选择剖面门窗样式（S）／替换剖面门窗（R）／改窗台高（E）／改窗高（H）］〈退出〉：（单击墙 A 的下端）

③ 门窗下口到墙下端距离〈900〉：（输入"1020"）

④ 门窗的高度〈1500〉：（输入"1800"）

⑤ 门窗下口到墙下端距离〈1020〉：（按〈Esc〉键退出该命令）

结果如图 8-54 所示。

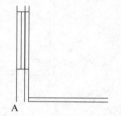

图 8-54　绘制剖面窗

8.3.4　绘制剖断梁

加剖断梁命令，用来绘制剖断梁。剖断梁是一个矩形，有时也可用矩形命令画。

操作：

① 单击 ▼剖　面菜单中的 加剖断梁。

② 请输入剖面梁的参照点〈退出〉：（单击轴线上端点 A）

③ 梁左侧到参照点的距离〈100〉：（输入"250"）

④ 梁右侧到参照点的距离〈100〉：（输入"120"）

⑤ 梁底边到参照点的距离〈300〉：（输入"180"）

结果如图 8-55 所示。

⑥ 用同样的方法绘制其他轴线上的剖面梁。

⑦ 执行 Copy（复制）、Trim（剪切）等命令将生成的剖面梁

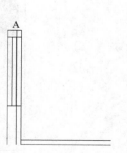

图 8-55　绘制剖断梁（一）

进行修改，最终结果如图 8-56 所示。

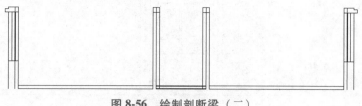

图 8-56　绘制剖断梁（二）

8.3.5　插入可见门窗

剖面图中的可见窗和立面图中的相同。在剖面图中，可以根据立面门窗命令插入门窗。

　操作：

① 单击 ▼ 立　面 菜单中的 🏛 立面门窗，弹出 天正图库管理系统 对话框，在对话框中选择"推拉窗"中的"1200×21001"，如图 8-57 所示。

② 双击对话框中选中的窗块，弹出 图块编辑 对话框。在对话框中进行参数设置，如图 8-58 所示。

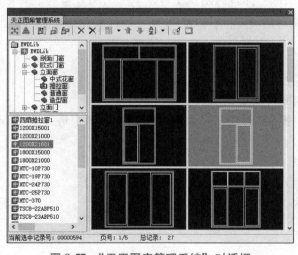

图 8-57　"天正图库管理系统"对话框

图 8-58　"图块编辑"对话框

③ 点取插入点［转 90（A）/左右（S）/上下（D）/对齐（F）/外框（E）/转角（R）/基点（T）/更换（C）］〈退出〉：（在屏幕上单击，将窗临时插在光标处，回车结束命令）。

④ 调整窗的位置，结果如图 8-59 所示。

⑤ 执行 Copy（复制）、Trim（剪切）、Extend（延伸）等命令，对墙体进行修改，绘制出窗台，最终如图 8-60 所示。

⑥ 执行 Copy（复制）命令，生成其他楼层。

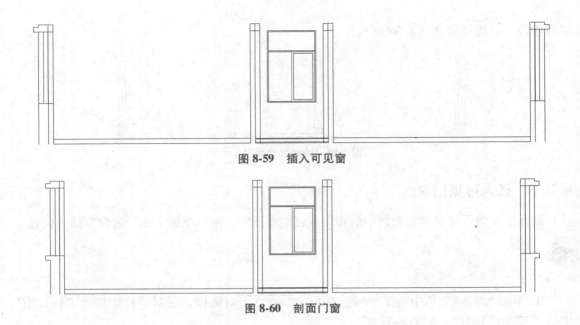

图 8-59 插入可见窗

图 8-60 剖面门窗

8.3.6 画剖面檐口

生成其他楼层后，我们发现所有楼层都一样，与附录图 A-4 中剖面图有差别，需要进行修改。下面我们修改顶层的剖面图，并绘制剖面檐口。

 操作：

① 删除掉剖面图顶层檐口位置的剖面梁及填充图案。

② 单击 ▼剖 面 菜单中的 剖面檐口 ，弹出 剖面檐口参数 对话框，在该对话框中进行参数设置，如图 8-61 所示。

③ 单击"确定"按钮，退出对话框。

④ 请给出剖面檐口的插入点〈退出〉：（单击 A 点作为檐口的插入点）。

删除多余线段，结果如图 8-62 所示。

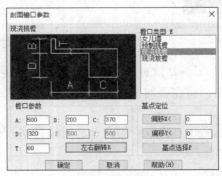

图 8-61 "剖面檐口参数"对话框

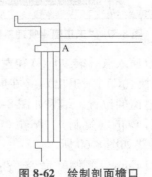

图 8-62 绘制剖面檐口

提　示

我们可以在 剖面檐口参数 对话框中，单击 左右翻转R 按钮，改变檐口的方向。

8.3.7　完成细部

与附录图 A-4 比较，还需要完成一些细部，如图案填充及尺寸标注等。

1. 图案填充

TArch 的填充图案与 AutoCAD 的图案填充（Bhatch）命令相似。

操　作：

① 单击 ▼ 剖　面 菜单中的 剖面填充 。

② 选择对象：（用窗口方式选择檐口、过梁直接回车，弹出 请点取所需的填充图案: 对话框）。

③ 在对话框中选择第二行第三个图例（涂黑），如图 8-63 所示。

④ 单击"确定"按钮，退出对话框，结果如图 8-64 所示。

⑤ 执行同样的操作步骤，将其他剖断梁进行填充。

⑥ 参照附录图 A-4，执行 AutoCAD 相应命令，完成挑檐及地面部分图形的绘制。

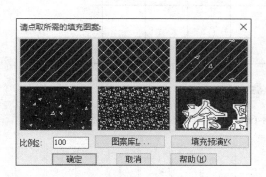

图 8-63　"请点取所需的填充图案"对话框

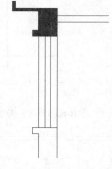

图 8-64　剖面填充

2. 尺寸标注

标注文字、标高及尺寸这些内容，既可以采用天正建筑绘图软件提供的命令完成，也可以执行 AutoCAD 相应命令来完成。

在第 4 章中我们谈到如果把常用的、需要多次重复使用的建筑构配件制作成块，使用时随用随调，建筑施工图的绘制就会变得十分轻松快捷，本章介绍的天正建筑软件正是把这一愿望变为现实的国内专用建筑绘图软件之一。AutoCAD 是专业绘图软件，但它却不是专门为建筑绘图而设计，因而具有很大的广泛性，天正建筑软件是针对建筑绘图而设计，所以它具有很强的针对性。事实上，我们在实际工作中往往是首选使用这些软件。本章我们仍以附录 A 中已经绘制过的建筑施工图为例，用天正建筑软件系统完成绘制。老图新作，一方面向我们展示了应用天正建筑绘图软件绘制建筑施工图的全过程，拉近了与就业上岗的距离；另一方面在熟悉天正建筑软件绘图的同时，对有些非标准部位应用 AutoCAD 命令配合完成，起到了相辅相成的作用，况且这种绘制建筑施工图螺旋式的上升，可能给初学者的感受会更深一些。AutoCAD 是学习建筑绘图的基础，熟悉掌握 AutoCAD 基本命令、编辑方法和绘制建筑施工图的全过程，对于我们学习天正建筑软件确能起到事半功倍的作用，对我们今后工作也大有益处。建议同学们还是要把 AutoCAD 的基础打牢以后，再学习天正建筑软件绘图。

 思考与练习

1. 怎样利用 Pline（绘制多段线）命令，通过相对坐标来绘制立面图外轮廓？

2. 如果将平面图和立面图放在同一张图纸内，怎样利用 Extend（延伸）、Trim（剪切）等命令通过平面图绘出立面图？

3. 利用 ▼墙 体 菜单中的 工 单线变墙 命令，将图 8-65 所示轴网生成墙体。

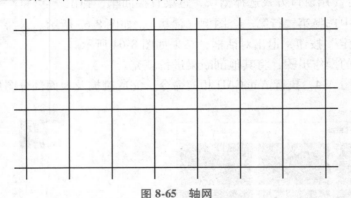

图 8-65　轴网

4. 执行 AutoCAD 的编辑命令，将图 8-66a 改为图 8-66b 所示的图样。

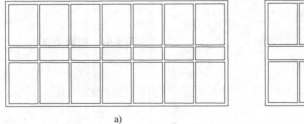 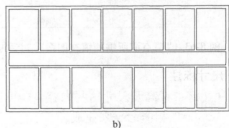

a)　　　　　　　　　　　　　　　b)

图 8-66　墙体图样

5. 在图 8-67 所示的墙体中，用"垛宽定距"方式，插入门联窗。门联窗的参数为：总宽 1800，门宽 750，门高 2100，窗高 1200。

6. 执行 ▼门 窗 菜单中的 ⇥ 内外翻转 和 ⬃ 左右翻转，绘制图 8-68 所示图形。

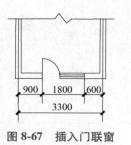

图 8-67　插入门联窗

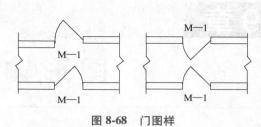

图 8-68　门图样

7. 执行 Tarch 命令完成如图 8-69 所示的盥洗室。

8. 执行 ▼尺寸标注 菜单中的 逐点标注，完成如图 8-70 所示的卫生间细部尺寸。

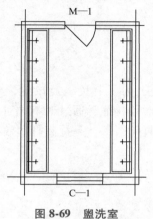

图 8-69　盥洗室

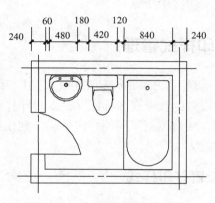

图 8-70　卫生间细部尺寸标注

9. 利用天正软件绘制建筑剖面图时，还可以采用哪些方法? 思考并比较这些方法的区别。

第 9 章

图 形 输 出

在所有的图样绘制完成后,通常需要输出到图纸上,用来指导工程施工,以及进行设计者与用户之间的技术交流。

9.1 打印样式管理

由于页面设置中的许多选项在每次打印时保持不变,为了避免重复设置,规范打印结果,最好将设置的页面存为样式文件。打印样式是一种对象特征,通过对不同对象指定不同的打印样式,从而控制不同的打印效果。利用打印样式打印图形,是提高打印效率、规范打印效果的有效方法。

9.1.1 设置打印样式

 操作:

① 在命令行输入 Plot Manager 打开如图 9-1 所示的文件夹。

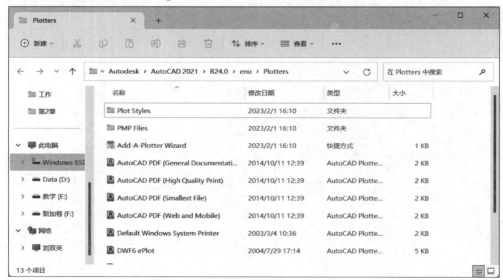

图 9-1 "Plot Manager" 对话框

② 双击"Plot styles"文件夹，打开"Plot Style Manager"文件夹，如图 9-2 所示。

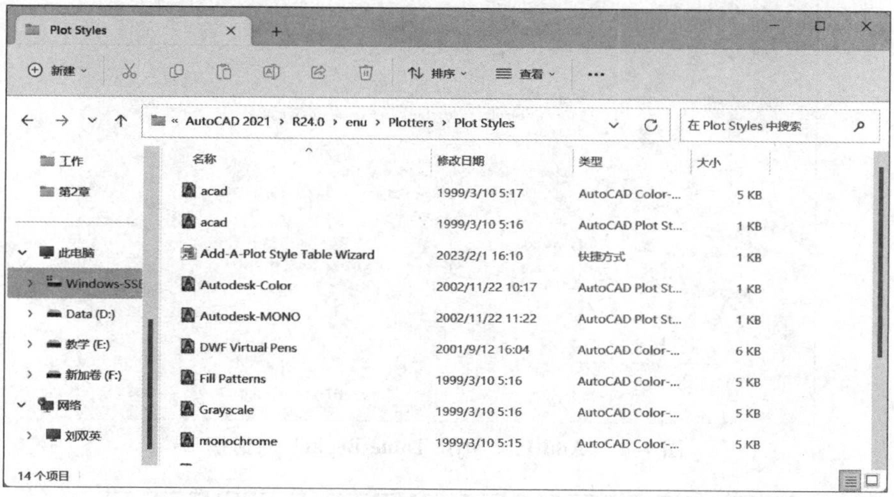

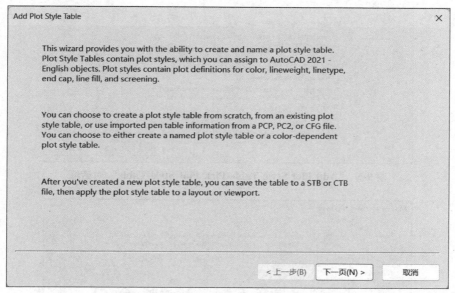

图 9-2 "Plot Style Manager"对话框

③ 双击 Add-A-Plot Style Table Wizard 快捷方式，弹出"Add Plot Style Table"对话框，如图 9-3 所示。

图 9-3 "Add Plot Style Table"对话框

④ 单击 下一步(N) > 按钮，弹出"Add Plot Style Table-Begin"对话框，如图 9-4 所示。

⑤ 单击 下一步(N) > 按钮，显示"Add Plot Style Table-Pick Plot Style Table"对话框，如图 9-5所示。保留默认值设置"Color-Dependent Plot Style Table"。

⑥ 单击 下一步(N) > 按钮，弹出"Add Plot Style Table-File name"对话框，如图 9-6 所示。在"File name"文本框中输入"样式 1"。

⑦ 单击 下一步(N) > 按钮，弹出"Add Plot Style Table-Finish"对话框，如图 9-7 所示。

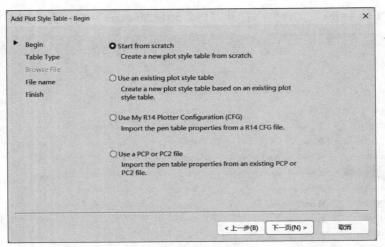

图 9-4 "Add Plot Style Table-Begin" 对话框

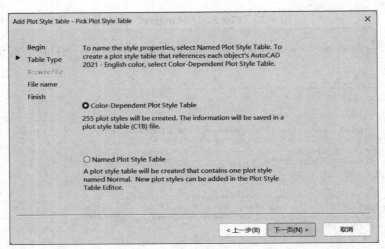

图 9-5 "Add Plot Style Table-Pick Plot Style Table" 对话框

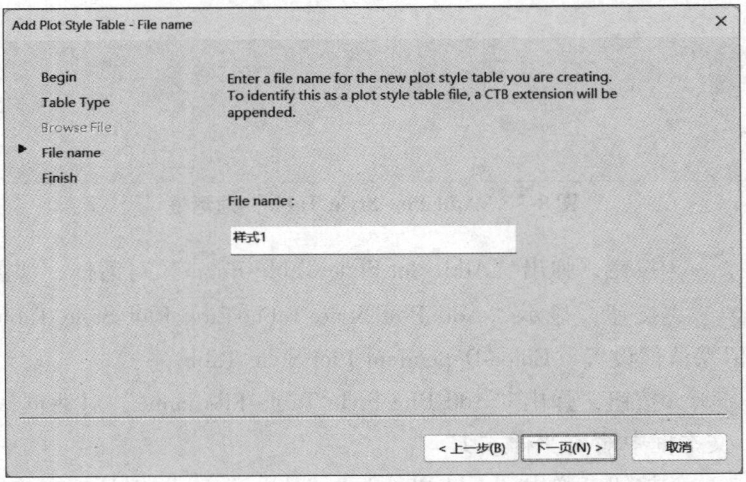

图 9-6 "Add Plot Style Table-File name" 对话框

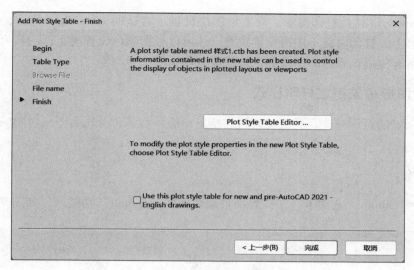

图 9-7 "Add Plot Style Table-Finish" 对话框

⑧ 在对话框中，单击"Plot Style Table Editor"按钮，弹出"Plot Style Table Editor"对话框，如图 9-8 所示。

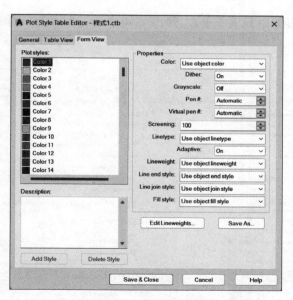

图 9-8 "Plot Style Table Editor" 对话框

⑨ 在对话框的"Form View"选项卡中，单击选择某一种颜色，在线宽下拉列表框中根据图样要求选择合适线宽，单击 Save & Close 按钮，返回"Add Plot Style Table-Finish"对话框。

⑩ 单击 完成 按钮，完成打印样式的设置。

"Plot Style Table Editor"对话框主要用来设置图线的线宽，其他选项一般保留默认值。从中可以看出，"Lineweight"的默认选项是"Use object lineweight"，这说明 AutoCAD 自动按图层的 Lineweight 特性打印图形。只要给图层设置了合适的 Lineweight 特性，并将图线画在相应的图层上，打印时就不用再设置线宽。还可以根据颜色设置线宽，一旦为某一颜色设置了线宽，所有使用该颜色的图线都以该线宽打印出图。

9.1.2 为图形对象指定打印样式

对于定义好的打印样式，我们需要将它指定给图形对象，并作为图形对象的打印特性。

 操 作:

① 单击"Output"选项卡，工作界面自动切换到"Output"功能区，如图 9-9 所示。

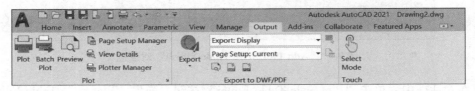

图 9-9 "Output"选项卡功能区

② 单击"Plot"右侧下拉箭头 ，弹出"Options"对话框。单击"Plot and Publish"选项卡，如图 9-10 所示。

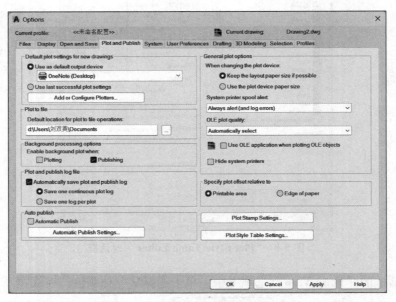

图 9-10 "Plot and Publish"对话框

③ 在对话框中单击"Plot Style Table Settings"按钮，弹出"Plot Style Table Settings"对话框，在对话框中将"Default plot style table"设置为已经定义好的"样式 1"，如图 9-11 所示。这样我们就将已经定义好的打印样式指定给了图形对象。

图 9-11 "Plot Style Table Settings" 对话框

9.2 打印出图

为图形对象指定了打印样式后，我们就可以开始打印出图了。打印输出命令为 Plot。

 操作：

① 在命令行输入 Plot，弹出 "Plot-Model" 对话框，如图 9-12 所示。

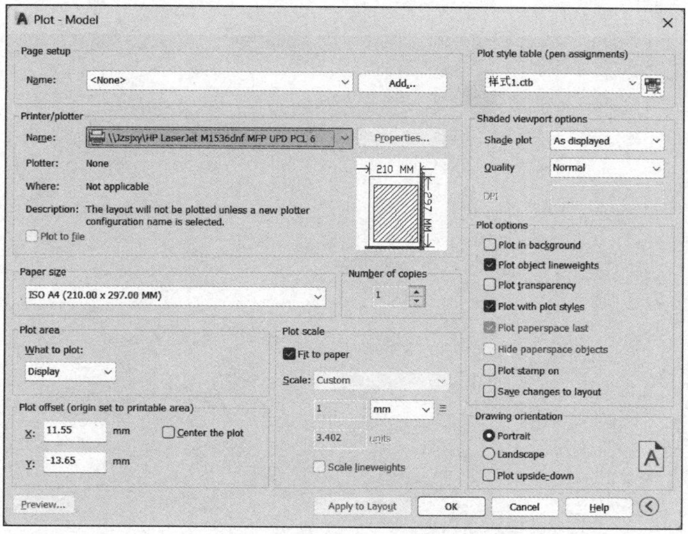

图 9-12 "Plot-Model" 对话框

②在对话框"Printer/plotter"区的"Name"下拉列表框中选择与设备相关的打印机或绘图仪。

③在"Paper size"下拉列表中选择需要打印的图纸尺寸。

④在"Plot area"的下拉列表框中选择合适的选项确定打印范围。

⑤在"Plot scale"区设置打印比例。

⑥在"Plot offset"区调整图形在图纸上的位置（一般选择"Center the plot"）。

⑦在"Drawing orientation"区设置打印方向。

正式打印以前，为了避免浪费时间和打印材料，应当预览一下设置结果。打印预览包括全部预览和部分预览，下面作全部预览。

⑧单击"Preview"按钮，显示预览效果。

⑨单击"OK"按钮，进行图形打印输出。

如果预览结果符合要求，可以打印输出，否则应修改打印样式。部分预览既可以看到图形打印在图纸上的位置，又可以提高打印速度。

　思考与练习

将我们绘制完成的所有图样进行打印输出。

附　　录

附录 A　某学生宿舍楼部分施工图

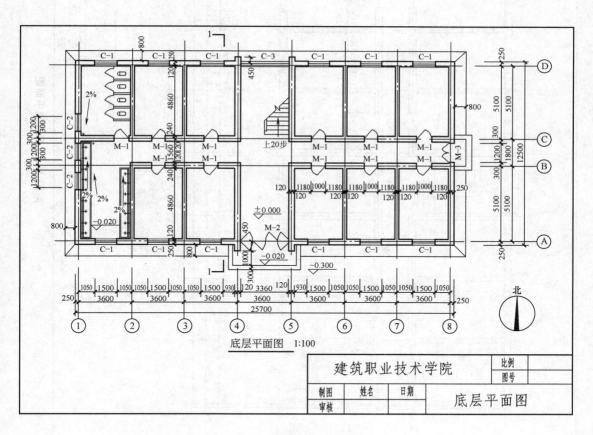

底层平面图　1:100

建筑职业技术学院			比例	
			图号	
制图	姓名	日期	底层平面图	
审核				

附图 A-1　底层平面图

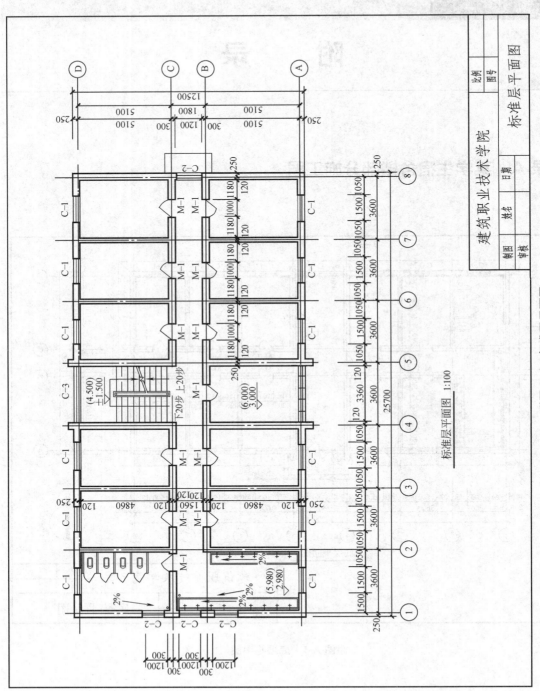

标准层平面图 1:100

附图 A-2 标准层平面图

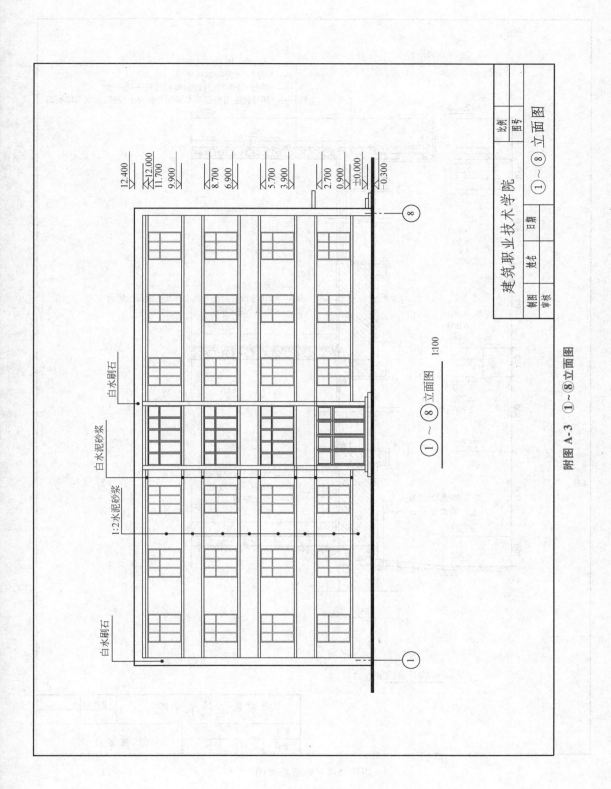

附图 A-3　①～⑧立面图

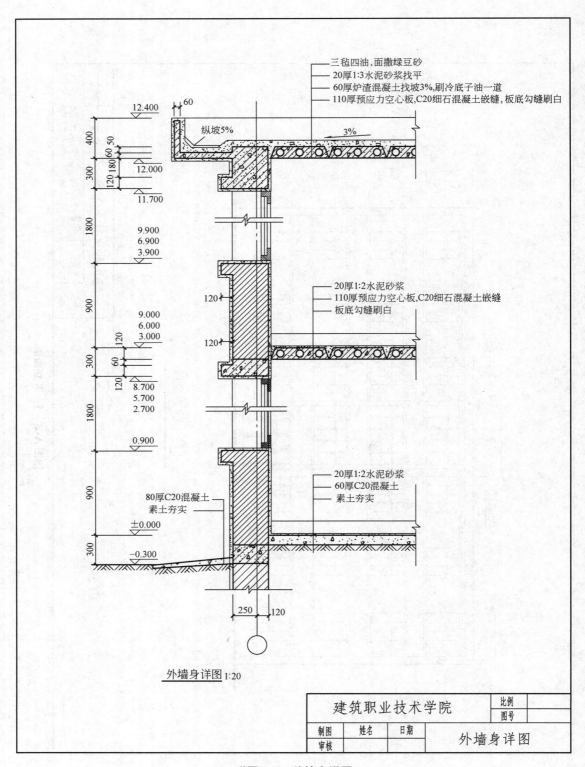

三毡四油,面撒绿豆砂
20厚1:3水泥砂浆找平
60厚炉渣混凝土找坡3%,刷冷底子油一道
110厚预应力空心板,C20细石混凝土嵌缝,板底勾缝刷白

纵坡5%
3%

12.400
400
60 50
120 180 60 50
12.000
300
180
11.700
120

1800
9.900
6.900
3.900

120
20厚1:2水泥砂浆
110厚预应力空心板,C20细石混凝土嵌缝
板底勾缝刷白

900
9.000
6.000
3.000

120
300
60
120
8.700
5.700
2.700

120

1800
0.900

900
80厚C20混凝土
素土夯实

20厚1:2水泥砂浆
60厚C20混凝土
素土夯实

±0.000
300
−0.300

250 120

外墙身详图 1:20

建筑职业技术学院			比例	
			图号	
制图	姓名	日期	外墙身详图	
审核				

附图 A-4 外墙身详图

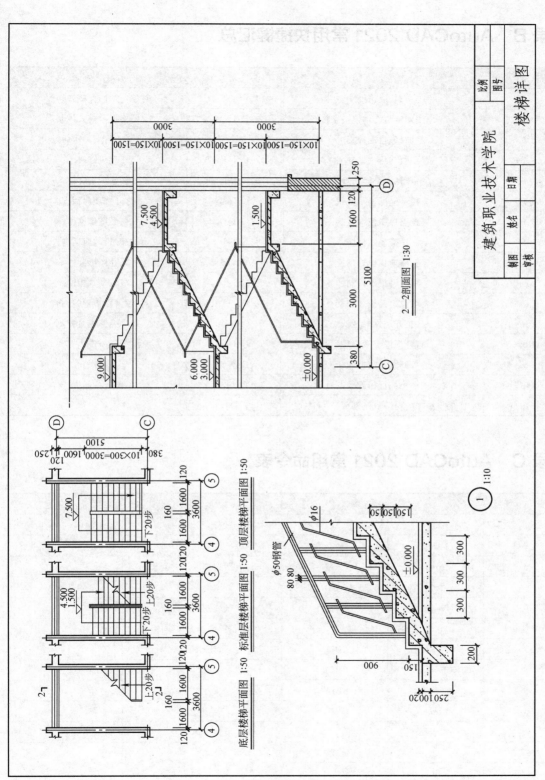

附图 A-5 楼梯详图

附录 B　AutoCAD 2021 常用快捷键汇总

快　捷　键	功 能 说 明	快　捷　键	功 能 说 明
F1	获取帮助	Ctrl+F	对象自动捕捉模式切换
F2	作图窗口与文本窗口切换	Ctrl+G	栅格显示模式控制
F3	对象自动捕捉	Ctrl+J	重复执行上一次命令
F4	数字化仪控制	Ctrl+K	超级链接
F5	等轴测平面切换	Ctrl+N	新建图形文件
F6	控制坐标显示方式	Ctrl+M	打开选项对话框
F7	栅格显示模式控制	Ctrl+O	打开图像文件
F8	正交模式切换	Ctrl+P	打开打印对话框
F9	栅格捕捉模式切换	Ctrl+S	保存图形文件
F10	极轴模式控制	Ctrl+U	极轴模式控制
F11	对象追踪模式控制	Ctrl+V	粘贴剪贴板上的内容
Ctrl+1	打开属性对话框	Ctrl+W	对象追踪模式控制
Ctrl+2	打开图像资源管理器	Ctrl+X	剪切所选内容
Ctrl+6	打开图像数据原子	Ctrl+Y	重做
Ctrl+B	栅格捕捉模式控制	Ctrl+Z	撤销上一步操作
Ctrl+C	将选择的对象复制到剪贴板上		

附录 C　AutoCAD 2021 常用命令表

序　号	命　令	快　捷　键	命 令 说 明	备　注
1	3Dface	3F	创建三维面	
2	Arc	A	绘制圆弧	
3	Area	AA	计算所选择区域的面积	
4	Array	AR	图形阵列	
5	Bhatch	BH 或 H	区域图案填充	
6	Box		绘制三维长方体实体	
7	Break	BR	打断图形	
8	Chamfer	CHA	倒直角	
9	Change	CH	属性修改	
10	Circle	C	绘制圆	
11	Color		设置实体颜色	
12	Copy	CO 或 CP	复制实体	
13	Dli		进入尺寸标注状态	

（续）

序　号	命　令	快　捷　键	命　令　说　明	备　注
14	Dimbaseline	DBA 或 DIMBASE	基线标注	
15	Dimcontinue	DCO 或 DIMCONT	连续标注	
16	Dist	DI	测量两点间的距离	
17	Donut	DO	绘制圆环	
18	Dtext	DT	单行文本标注	
19	Erase	E	删除实体	
20	Explode	X	炸开实体	
21	Extend	EX	延伸实体	
22	Extrude	EXT	将二维图形拉伸成三维实体	
23	Fillet	F	倒圆角	
24	Grid		显示栅格	透明命令
25	Help	F1	帮助信息	
26	Hide	HI	消隐	
27	Insert	I	插入图块	
28	Intersect	IN	布尔求交	
29	Layer	LA	图层控制	
30	Limits		设置绘图界限	
31	Line	L	绘制直线	
32	Linetype	LT	设置线型	
33	Ltscale	LTS	设置线型比例	
34	Mirror	MI	镜像实体	
35	Move	M	移动实体	
36	Mtext	MT	多行文本标注	
37	New		新建图形文件	
38	Offset	O	偏移复制	
39	Oops		恢复最后一次被删除实体	
40	Open		打开图形文件	
41	Ortho		切换正交状态	透明命令
42	Osnap	OS	设置目标捕捉方式	透明命令
43	Pan	P	视图平移	
44	Pedit	PE	编辑多段线	
45	Pline	PL	绘制多段线	
46	Plot		图形输出	
47	Point	PO	绘制点	
48	Polygon		绘制正多边形	
49	Quit		退出	

（续）

序　号	命　令	快　捷　键	命　令　说　明	备　注
50	Rectangle	REC	绘制矩形	
51	Redo		恢复一条被取消的命令	
52	Revolve	REV	将二维图形旋转成三维图形	
53	Revsurf		绘制旋转曲面	
54	Rotate	RO	旋转实体	
55	Rulesurf		绘制直纹面	
56	Save		保存图形文件	
57	Scale	SC	比例缩放实体	
58	Shade	SHA	着色处理	
59	Spline	SPL	绘制样条曲线	
60	Stretch	S	拉伸实体	
61	Style	ST	创建文本标注样式	
62	Subtract	SU	布尔求差	
63	Tabsurf		绘制拉伸曲面	
64	Trim	TR	剪切实体	
65	UCS		建立用户坐标系	
66	Undo	U	取消上一次操作	
67	Union	UNI	布尔求并	
68	Wblock	W	图块存盘	
69	Zoom	Z	视图缩放	

参 考 文 献

［1］中华人民共和国住房和城乡建设部. 房屋建筑制图统一标准：GB/T 50001—2017［S］. 北京：中国建筑工业出版社，2017.

［2］中华人民共和国住房和城乡建设部. 建筑制图标准：GB/T 50104—2010［S］. 北京：中国建筑工业出版社，2010.

［3］朱龙，陈磊. AutoCAD 2012 基础教程［M］. 北京：科学出版社，2014.

［4］孟秀民，曲媛媛，王晖. AutoCAD 2015 中文版基础教程［M］. 北京：中国青年出版社，2015.

参考文献

[1] 　　，2013．

[2] 　　　　　　　　　　　　　　　　　　　　　　　　　　　　，2016．

[3] 　　　　　　　　　　　　　　　　　　　　　　　　　　　　　　　　．

[4] 　　　，2015．